国家自然科学基金资助项目（51278108）

"十二五"国家重点图书出版规划项目

《宜居环境整体建筑学》系列丛书

国家出版基金项目
NATIONAL PUBLICATION FOUNDATION

U0396186

地区的现代的新农村

Regional Modern Towns and Villages

齐 康 等 编著

QI KANG EDITED

东南大学出版社

南京

齐康

东南大学建筑研究所所长、教授、博士生导师，中国科学院院士，法国建筑科学院外籍院士，中国勘察设计大师（建筑），中国美术家协会会员，中国首届"梁思成建筑奖"获得者和中国首届"建筑教育奖"获得者，曾任国务院学位委员会委员，中国建筑学会理事、常务理事。主要作品（主持和参与的）有：南京雨花台烈士陵园革命烈士纪念馆、碑，南京梅园新村周恩来纪念馆，侵华日军南京大屠杀遇难同胞纪念馆一期、二期，苏中七战七捷纪念馆、碑，淮安周恩来纪念馆、周恩来遗物陈列室，福建武夷山庄，黄山国际大酒店，河南省博物院，福建省历史博物院，沈阳"九一八"纪念馆，宁波镇海海防纪念馆等百余项，建筑设计项目分获国家优秀工程设计金质奖两项、银质奖两项、铜质奖两项，1980年代优秀建筑艺术作品二、三名，部、省级奖几十项。他主持、参加的科研项目有二十余项，其中"较发达地区城市化途径和小城镇技术经济政策"获建设部科技进步二等奖，"乡镇综合规划设计方法"、"城镇建筑环境规划设计理论与方法"、"城镇环境设计"分获教育部科技进步奖一、二、三等奖。发表"建筑创作的社会构成"、"建筑意识观"等论文百余篇，著有《城市建筑》《绿色建筑设计与技术》等专著二十余部。他立足于培养高水平的建筑学专业的研究、设计人才，重视培养学生的基本功和设计方法的训练，注重开拓思路和交叉学科之间的融合和交流，现已培养博士、硕士研究生百余名。

Qi Kang

Qi Kang, a professor and Ph. D. supervisor of Southeast University, is now the director of Institute of Architectural Research of Southeast University.

Mr. Qi Kang , a master of survey and design in Architecture, is the Academician of Chinese Academy of Sciences and French Academy of Sciences. He is the member of China Association of Artists. He won the first Liang Sicheng Architecture Prize and the first China Architecture Education Prize.

He was once the member of Academic Degrees Committee of State Council, and the member and the executive member of The Architectural Society of China.

Mr. Qi Kang has directed or participated in designing many architectural projects, of which the following are the representative ones: Yuhuatai Memorial Museum for Martyrs and Yuhuatai Memorial Monument for Martyrs in Nanjing, Zhou Enlai Memorial Museum in New Meiyuan Village in Nanjing, The Memorial Hall of the Victims in Nanjing Massacre by Japanese Invaders (Stage One and Stage Two), Seven-war-seven-victory Memorial Museum and Monument in Hai'an, Mid-Jiangsu Province, Zhou Enlai Memorial Hall and Zhou Enlai Relics Showroom in Huai'an, Jiangsu Province, Wuyi Villa in Fujian Province, International Hotel in Huangshan, Anhui Province, Henan Museum in Henan Province, Fujian History Museum in Fujian Province, The Enlargement Project of 9.18 Museum in Shenyang, Liaoning Province, and Zhenhai Coastal Defense Museum in Ningbo, Zhejiang Province, etc. Many of Qi Kang's works have won Golden, Silver and Bronze Awards at national and provincial levels .

Mr. Qi Kang has presided over and participated in more than 20 scientific research programs, among which *The Way of Urbanization in the Developed Areas* and *The Technical, Economical Policies for Small Cities* won the Second Prize for Science and Technology Development awarded by The Ministry of Urban-Rural Development, and *The Comprehensive Planning and Design in Urban-Rural Areas, Theory and Practice of Planning and Design in Urban Architectural Environment, Environmental Planning in Towns and Cities* won the First, the Second and the Third Prize for Science and Technology Development respectively awarded by The Ministry of Education.

Mr. Qi Kang has published more than 100 academic papers such as *Social Composition of Architectural Design, Consciousness of Architecture*, etc. He has also published more than 20 books such as *Urban Architecture, Green Building Design and Technology*, etc.

Mr. Qi Kang, sticking to cultivating high-level research and design talents in architecture, pays attention to training his students' basic skills and designing methods, and attaches importance to thought-development, the exchange and amalgamation of interdisciplines. Under Mr. Qi's supervision, more than 100 students have won Ph. D. and master degrees.

目录

Contents

1 新农村研究

Study on New Rural Areas

1.1 中国城市化特点
Characteristics of Chinese Urbanization

500 年前西方社会发展，开始有了社会主义思想。18—19 世纪，思想家傅立叶、欧文提出空想社会主义。当时处于资本主义初期，人们被资本家压迫，生活痛苦。著名小说《悲惨世界》、《雾都孤儿》等都是那一时期的代表作，暴露和揭示了资本主义的黑暗、虚伪。这些作品表达了对苦难者的同情，想以此来唤醒人们的良知，但其蕴含的思想仍属于唯心主义范畴。

马克思、恩格斯奠定了社会主义科学的基石，揭示了资本主义社会的种种内部矛盾。19 世纪三四十年代，欧洲三大工人运动为马克思、恩格斯进行理论研究创造了基本条件，也使马克思主义的产生成为可能。随后马克思、恩格斯适应时代的需要，从剩余价值中看出了资本主义的本质，创立了马克思主义理论。

1917 年，十月革命推翻了沙俄的封建农奴制度，建立了第一个苏维埃政权，1922 年在列宁领导下建立了第一个社会主义国家。1924 年列宁去世之后，苏联发展重工业，国家经济开始有了明显的增长，成为社会主义强国。

1921 年，中国共产党正式成立。在此后一段漫长的时间内，中国共产党进行着艰苦斗争。1945 年，中国爆发内战，最终中国共产党推翻了国民党的反动统治，于 1949 年建立了新中国。新中国成立之初，不仅要面对经济困难的局面，还要面对美帝国主义发动的侵略朝鲜战争，进行抗美援朝。这一时期中央提出向苏联学习，经过一段时期的探索后，才

确立建设要有自己的特色。1978 年，以邓小平同志为核心的党的第二代中央领导集体探索出改革开放之路。

改革开放后，我国逐步建立了中国特色社会主义，提出了中国的社会主义革命和建设要与中国实际相结合、"三个代表"、科学发展观理论，走上有特色的社会主义全面小康之路。

中国特色社会主义是科学社会主义理论逻辑和中国社会发展历史逻辑的辩证统一，是根植于中国大地、反映中国人民意愿、适应中国和时代发展进步要求的科学社会主义，是全国建成小康社会、加快推进社会主义现代化、实现中华民族伟大复兴的必由之路。我们要在以习近平同志为总书记的党中央的领导下坚定不移地走中国特色的社会主义道路。

中国有 13 亿多人口，是世界上发展中国家中人口最多的国家。我国 100 万人口以上的特大城市一共有 122 个，50 万 ~100 万人口的大城市有 118 个，20 万 ~50 万人口的中等城市有 151 个，20 万以下的城市有 264 个；截至 2012 年底，建制镇数量已达到 19881 个。

特大城市改变了当地的河流、大气、地质等自然环境，对当地的生态系统产生了影响。我国的特大城市人口众多，资源耗费巨大，尤其我国又是个缺水的国家，所以治水是一大问题。

城市化是由农业"一产"人口转化为城市"二产""三产"人口的现象。农民进入城市，使城市人口扩大，使城

市用地增加，城市基础设施因此需要改善、加强和增长，城市的福利设施和医保也要得到加强和保障。但是户籍制度的开放有待时日，城乡二元结构未达到融合一体，这是我国发展进程中必须面对的问题。

中国的城市化有以下特点：

（1）中国的城市化建立在中国现实发展的基础上，即处于中国特色的社会主义初级阶段，且有其核心价值体系，表现为改革开放后结合中国特色的城市化。所以它的主要特点是有其本土的现实性，这与其他发达国家的城市化发展进程不一样，也与其他发展中国家的城市化进程有区别。

（2）中国的农村人口向城市人口转化开始加速，产生了诸多矛盾。现今应稳步发展，考虑各种矛盾之间的平衡。我国有人口密集地区，也有人口稀少地区，这是我国人口分布的现状。而城市人口的密集程度又和务工环境有关，视务工的程度而定。我国地区发展不平衡，有发达地区，也有欠发达地区，有的地区城市化程度高，其旧城区又要面临重新改造。各地区政策不同，有振兴地区，也有大开发地区。

（3）全国各地经济的发展是不平衡的，即使在同一地区也是不同的，江苏的苏南与苏北、广东的珠江三角洲与广东北部的城市化水平和经济发展程度都不一样。城市化在中国广大土地上是有不平衡性的。

（4）中国的经济发展由计划经济逐步转向市场经济，而现阶段国家可以对市场进行调控，出台相应的政策，如各地方政府对房地产的调控表现出较强的地方政策性。

（5）中国城市化率已达50%以上，虽然数量大大增加，但是城市化的质量亟待提升，城市基础设施和社会福利设施亟须得到加强建设。提高城市化质量是十分重要，在提高城市化率的同时也要相应提高城市化的质量。城市化具有整体性，也具有需要不断提高、不断完善的长期性。

（6）城市与乡村是一体的，城乡融合是必然的。在城市化进程加快的同时，我们还必须重视老、少、边、穷等地区的发展。城市化即是一个人口从松散到集聚的过程，总的来讲就是人口摆动。在这个过程中，我们不能忽视"三产"的重要性，它同样服务于整体城市，使城市有系统，使各行业形成体系。整体性，从原则到方法措施，都是我们所要研究的。

城市化最大的特点是"化"，即人口从农村向城市"化"，也就是"乡下人"成为"城里人"的一种转变。城市化的另一个特点是"摆动"，是一种转移，是逐步融入。

城市，特别是大城市、特大城市，还有许许多多的弊病，人们称之为城市病，可以罗列出许多：

（1）交通拥堵。汽车的拥有量大大增加，虽然拓宽了城市道路，在道路交叉口架起立交桥或修建地下通道，甚至出台机动车限牌、限行规定，但仍缓解不了城市交通拥堵问题。

（2）停车困难。城市土地资源紧张，汽车数量膨胀，造成汽车停放困难。因此要对汽车进行管理，合理规划车位，否则会引起诸多矛盾，导致管理混乱。

（3）废气排放超标。空气污染是大城市的一个严重问题，工业废气、汽车尾气排放等造成城市的雾霾加重，大大污染了城市。如北京某一天曾经出现上午雾霾，而下午又经受西北吹来的风沙影响现象。目前雾霾天气逐步增多，让人们看到像碧水一样的蓝天，是一件大事。

（4）贫富差距加大。大、中、小城市有众多就业机会，从业具有多样性，但仍然有许多城市人口处于半失业、贫困状态。改革开放后我国的一部分人先富裕起来。他们或掌握着一些国有、民营的企业，或是行业的精英，有着高额收入。其中房地产商，尤其那些特大房地产商，他们以贷款为手段，甚至成为巨富。较大的贫富差距是为城市矛盾之一，怎样共同致富是一个长期的难题。

（5）城市保障体系不健全。现阶段，我国最主要的任务是建设完善的低收入人群的住房和医疗保障体系。农民进城，先在城中村落脚，将城中村作为跳板，但许多城市大批拆迁城中村，如昆明已经拆建的城中村有250多个，深圳有300多个，拆建的地块则被房产商开发成商品房。低收入人群应得到最基本的保障。

（6）高层建筑林立。由于金融商业集中，大公司、大机构都竞相在城市中心区建立高层建筑，于是拆除旧房。但有的高层建筑覆盖大面积反光玻璃幕墙，大大增加了辐射热，使城市某些地段光污染严重，将"低碳"变"高碳"。高层建筑还造成阴影面增加，使周围片区长期处于阴影笼罩之下。

（7）城市基础设施不足。例如北京2012年夏季突发大水，导致大量车辆被淹，甚至造成人员伤亡。这种突发的自然灾害，反映了城市扩大而基础设施不足的现状，所以有计划地改善和提升城市基础设施水平是很重要的。

（8）片面追求标志性。地方政府片面地追求高求大，建设密集的高层建筑，产生地上、地下停车困难等诸多问题，虽然获得了标志性，但丧失了宜居性。

1.2 中国城市化历程
Process of Chinese Urbanization

从世界范围来看，城市化走过了一个复杂的过程，欧美国家的城市化与非洲、南美的城市化也表现出不同的特征，前者从工业革命开始一直延续至今。中国的城市化有起伏，有迂回，经历了曲折而复杂的过程。

我国各地发展极不均衡。1840 年我国沦为半殖民地半封建的国家后，沿海城市如哈尔滨、青岛、上海和广州，由于受到列强的影响，起先进行工业化的进程。1949 年新中国成立后，我国在整体布局上有所改善，但 1950 年代中期建立了城乡二元结构，具体地讲即建立了户籍制度，使城市化长期处于停滞状态。再有在一段时间内实行"反城市化"战略，即大规模地将城市人口迁向农村，知青上山下乡，干部下放，使城市人口难以集聚，这是计划经济体制下的一些政策。从十一届三中全会后，实行改革开放，引进外资，农民因此爆发式地进入城市，使得城市化进程迅猛发展，有人甚至将之形容为"核裂变"。快速城市化在一个时期带来了诸多矛盾，如与已形成的城乡二元结构的矛盾，一方面要接受农民工进城，另一方面一时又难以解决户籍问题。我们要十分重视这个城市化现象，主动地采取措施进行解决。

城市用地结构开始变化，城市土地扩张，城市基础设施和福利设施提升，这一切由城市化而引起，同时也要求城市的社会化。"三产"的发展又促进了城市化，据 2011 年的统计结果，我国城市化率达到了 51.27%。从六次人口普查来看，城市化水平分别为 12.84%、17.58%、20.43%、25.84%、36.22%、49.68%。

工业革命后机器生产代替手工生产，农业人口向中心城区集中，这种集中带来了商业活动，市场活动和服务业得到加强。人口集中、现代化、信息化、工业化都可称为"现代"两个字的表现。根据世界银行 WDI 数据库资料显示，2010 年美国的城市化率为 72%，英国为 90%，德国为 74%，荷兰为 83%，加拿大为 81%，澳大利亚为 89%。城市化起始阶段表现为集中化，在这个阶段，包括大、中、小城市都在增加。1960 年代发达的资本主义国家又出现了城市郊区化（Suburbanization）现象，进而出现了再城市化（Reurbanization）现象。城市中的人口迁至郊区，或城郊相兼的现象，有的学者称之为"反城市化"。一切都在动态地变化，也影响了城市形态的变化和精神形态的变化。

中国是一个农业大国，要改变国家的总产值中农业生产总值的比重需要一段时间。中国的 GDP 快速增长，目前已在全世界位列第二位，但平均到每个人仍与发达国家有很大的差距。"十八大"提出奔小康的目标和"两个一百年"的目标，正说明我们的城市化建设、城乡建设还有大量的工作要做。

我国是一个农业大国，应把重农方针放在应有的位置。1978—1984 年，农业经济改革推动了城市化的发展。这一时期，城市化建设得到恢复，先进城，再建城，2000 万上山下乡的知识青年返城就业，恢复高考使部分农村的学生考入大学留在城市，再有商贸的发展使部分农民半商半农。部分乡镇具有了双重性，出现了暂住人口，农民有两套房，乡里一套，城里一套。农村开始创办乡镇企业，所谓的苏南模式的乡镇就是从这一时期开始发展的。在这个阶段城市化率由1978年的17.92%提高到1984年的23.01%，年均提高0.5%。

1980年全国城市规划工作会议提出了"控制大城市的规模，合理发展中等城市，积极发展小城市"的策略。1983年费孝通专家提出"解决农村剩余劳动力要以小城镇为主，以大中小城市为辅"。

1985—1991年在中国沿海地区，特别是江苏南部，乡镇发展壮大，转化为新兴小城镇。

1992—2000年是我国全面推进城市化的阶段，小城镇的建设发展以开发区作为动力，全国城市化率由27.63%增长到36.22%。

1990年代以后，由开放开发14个沿海城市到实施行沿长江开发战略，构成中国开发开放的第一次"T"字形战略格局。1990—1995年底，国家对城市发展的政策也有大的变化，农村可以转变为小城镇，政策由限制到放松，使城乡分割后又开始融合。

中国的城市化仍然由农村向城市开始，安徽省小岗村18户农民搞单干，破除了"一大二公"的超越国情的做法，

加快了城市化进程。引进外资对农民进城起了十分积极的作用，珠江三角洲的"广州模式"促进了农民工数量的增长，浙江温州的自由经济模式——"温州模式"也带动了地区的经济发展。

之后建设县级市，公社建乡。1988年修订建市标准，1986—1996年县级市增加了298个。中央逐步放开对农民进城和转变为城市人口的限制。

近年来中央十分重视"三农"问题，连续几年都提出关于农村的指示。1997年6月国务院转批《关于推进小城镇户籍管理制度改革的意见》，1998年10月的十五届三中全会颁布《中共中央关于农业和农村工作若干重大问题的决定》，提出发展小城镇是带动农村经济和社会发展的大战略等等。

我国的城镇化进程由农村开始，重视小城镇的发展和建设。在我国经济快速发展的推动下，城镇化建设取得显著成效，但是我们要面对以下几个问题：（1）如何提高城市化的质量；（2）怎样进行中小城市的城市化；（3）怎样进行大城市的城市化。

在我们的城市化过程中，仍有相当一部分农民工不能成为城市人口。一些城市为扩大城市规模、做大做强，重点建设带有一定的误差，使城市规模不合理地扩张，给今后城市的合理布局带来困难。种种矛盾需要在今后不断地进行研究、开拓和创新。

1.3 农民
Farmers

　　漫长的封建社会把人和土地"绑"在一起，地主剥削广大农民，而帝王则是最大的剥削者。进入半殖民地半封建社会以后，旧民主主义革命推翻了清朝统治，提出"耕者有其田"的口号和要求。新中国成立后，我国成立了互助组，走集体化的道路，再而组成各种生产形式，这些都是体制的变革。

　　在改革开放的大转变中，中国大地上世世代代务农的农民从性质、规模上都发生了根本性的变化，农民的角色转变了，他们以新的面貌出现。

　　农民以农业生产为主，以地为生。在封建和半封建社会中他们受到剥削，以自给自足或半自给自足的生产方式和生活方式分布在广大农业生产土地上。如今，在现代化、产业化、商业化、城市化、信息化的演变中必然有大量农民的身份发生变化，即使留在农村的农民也将在新观念的影响下逐步改变生产方式。"转化"是总的现象，也是全世界工业化的一种普遍现象，这是一个大门槛，跨越它就能达到、成为一个现代化的国家。在这个过程中，农民逐步脱离土地，结束了农民身份，农业用地转化为"二产"和"三产"用地。这种转变正是我们这个时代的一大特色，在政治、经济、文化、科技生活中都形成十分重大的影响。我们正处于"转化"的进程之中，我们的观念和与之密切相关的一切变化都将随之而生。

　　纵观世界，在英国的工业革命开始后，西方世界资本主义的产业结构改造或革命、农民的转化就在大地上上演。我国新民主主义革命推翻了三座大山，铲除了剥削的地主阶级，从而解放了生产力，使农民脱离了被剥削的地位，但是农民彻底的转变仍要依靠国家的工业化。"文化大革命"以前，农民不可能也难以有大的变化，只有在改革开放后，在以经济为中心的大规模建设中，农民才有可能脱离原有身份转入城市，实现"乡下人走向城里人"这一过程。

　　所以说工业化是转变的龙头，城市工业化给广大农民带来了实质性的变化。

　　城市化促进了农民身份的转化，马克思对欧洲工业化历史进程做了考察后说："现代的历史是乡村城市化，而不像古代那样城市乡村化。"社会的现代化是以工业为起点，伴随工业化的是人口、资金、需求的迅速集中，即城市化。城市成为社会发展和活动的舞台。

　　农民身份的转化是本质性的。机械被用于农业生产从播种到收割的全过程中，这也改变了部分农民的身份。在我国东北地区，大片的农业用地完全用机械化来生产，这促使一批农业工人出现。生产方式的改变带来了农民性质的变化。

　　在中国的现代化过程中，我国农民所处的地位和所起的作用有其特殊性。新中国在发展建设过程中得到农业的支援，1950年代农业为国家工业化贡献了约6000亿～8000亿元的巨额资金。几乎每一个发展进程都离不开广大农民的支持。

　　中国农民在社会主义初期阶段富有独创精神：他们首创家庭联产承包责任制，开始了中国经济改革的新时代；苏南的乡镇企业促进了地区经济的发展；温州的自由经济促使财富集中，形成了大的经济财团。这些都成为当今中国最有生机和活力的经济形式，充分发挥了广大农民的主动性和创造性，是中国特色社会主义建设的重要源泉和动力，它们是动力也是依靠力量。

但是农民的生活水平大都较低，享受的教育资源也有局限，所以对农民的教育及转变其观念是一项重要工作。大批农民转入城市打工，成为打工仔，其本身就是一种城市的教育。从手工业方式到大生产方式的转化，从传统经济到现代经济的转化，他们自身经历着变革，这是时代的大转变。

我国走了一条在党的领导下城乡共同发展经济的道路，即以城市的经济发展来哺育农村、农村自身同时发展的城乡一体、城乡融合、全民共同致富的道路。

农民的转化，标志着某种政治和社会身份的消失，代以另一种职业类别。

要探索保护和促进农民自己主动转化的道路。城市哺育农村和农村自力更生的提升，是我们国家的一种自觉的行为，也是我们这个时代必须跨越的门槛。

而政府是农业发展的推动者，起着决定性的作用，使农民身份转化是中国进一步发展的强大推动力量。

我们正处于转型阶段，相信不久的将来，我国的农村将以新的姿态屹立于中国大地上。

1.4 城乡一体
Integration of Urban and Rural

我国是发展中的大国，30多年来的改革开放给我国的工业、经济、社会发展带来了很大的提升，但至此我国仍然是一个农业大国。

如果说中国的革命从农村包围城市开始，那么今天的农业复兴革命仍然是从农业开始。新中国成立后，我国解放了农村生产力，建立互助组，走合作社的道路，但也走了一些"左"的弯路，曾一度兴起"人民公社"、"楼上楼下，电灯电话"之路。广大农民得不到温饱，天灾人祸又给农业生产带来了极大的损害，这表现出生产关系和生产力的不协调。改革开放后，农业发展有了起色，得到中央的支持。农业问题即"三农"问题，是我们建设新农村的首要问题。城市的工业化、信息化、社会化，都需要有农业的发展相匹配。

改革开放后，我国的城市化进程加快，但同时也带来了诸多城市化现象。大、中城市包括小城市用地急速扩张，包围了周围的自然村，形成了"城中村"，这种二元结构在城市的边缘地带尤为明显。农民进城凸显了城市基础设施的不足，城市基础设施亟须得到加强，城市福利设施也需要得到提升，道路的改造、拓展成为必然。

大量农民进城形成了农民工进城之"潮"，农村人口向城市形成了摆动。农村人口的摆动、流动，使得农民子女教育分离，同时又产生农业的发展问题。而相对农村的人口空心化，在农村的孤寡老人和留守儿童问题也要得到解决。城市和乡村绝不是对立的，而应融合为一体。

我国开放14个沿海城市，促使相对发达地区进一步发展。特别是苏南地区，开办了乡镇企业，得到政策的扶持，使得村镇经济面貌得到了改变，一时乡镇企业成为当地经济收入的主要支柱。但是乡镇企业的技术相对落后，需要获得提升，它们的发展资金有限，需要得到政府金融系统的支持。它们或依托于大城市，或进行内部自我改造，于是发展成为了一批新兴的民营企业，成为国民经济的又一支撑。

农村把土地应用于工业生产，所以开始建设工业园区。最初农业用地被改为建设用地，但相应的基础设施不到位。乡镇管理者不理解基础设施的重要性，后来才认识到水通、电通、信息通和"要致富先修路"的意义。大规模的建设同时提升了广大农民对农业现代化的认识。乡镇自寻出路，有的从事养殖业，也有的发展造船业，各地的发展各具特色，调动了农民的积极性。

从全国范围来看，各地的发展是不平衡的，沿海、沿长江地区经济发展相对较快。

在经济相对发达的地区，城市的发展已不只是一个城市的发展，而是城市群的发展，是一个地区的发展。行政区划的调整，地区的大型基础设施如高速公路、动车、高铁的建设都改变了城和乡的关系。

我们研究农村，必然要联系城市，同时研究城市也离不开对农村的探索。农村和城市要相互融合，一体化发展，这才是我国特色社会主义的一大标志。

1）城镇化

城镇化是农村的城市化。城市化是自上而下的，更紧要的是自下而上的。提升城乡建设水平，改善全体人民日益增长的物质文化和精神文化需求，是一个互动结合的过程。显然我们还有漫长的道路要走，我们必须走中国特色的社会主义道路，这也是一条新型的城市化道路。

我国还有少量的贫困地区，如老、少、边、穷地区及交通不便的一些地区，怎样开拓这些地区的致富之路需要进行深入研究。发达地区的致富之路为我们打开了思路，开辟了前景。少数民族地区具有其特色，有特色才有发展，开发当地的特色产业，如特色旅游、特色农业、特色饮食，是重要的环节，总之要整体地组织起来。

2）农村经济

我国各地的经济发展模式呈现出不同的特点，如浙江温州发展自由经济，称为温州模式，广州一带引进外资企业组织生产，成为广州模式的特征，各地区的农村也根据自己的特点发展经济。它们之中有良性的发展，也有个别恶性的发展，而发展是硬道理，即是要从结合各地特色出发，走适合当地经济发展的道路。

3）户籍制度

1950 年我国颁布了户籍制度。当时正值建国之初，国家资金匮乏，经济困难，迫切需要建设工业，加上抵抗外来侵略、抗美援朝，因此把精力放在建设重点地区上。户籍制度至今已成为缩减城乡之间差距、促进城乡融合的一道门槛。

随着经济的发展、人们生活水平的提高、社会保障体系的完善、国家政策的不断调整，农民的生活条件得到改善，这个门槛也在淡化，如减免农业税使农民的基本生活得到保障，在苏南等相对发达地区社会保障条件已得到提高。户籍制度的解决需要一个漫长的过程，这个过程伴随着全国人民生活水平的全面提高，各项配套设施的改善，最终达到共同富裕的目标。

4）农业机械化

我国的农业耕地是分散的，农业耕地的机械化使用已越来越受到重视。如何集中组织大面积的耕种、怎样使新型的机械化有用武之地是摆在我们面前的一大问题。农业机械化的整体推广和实施是管理者的任务，这是一种规划，也是一种设计。生产力的变化要求生产关系的变化，农村工作也应是"学习型"、"创新型"的。大学生到农村做村官，这是知识化，是一件好事。一切献身人民的学子都要改变观念，把知识送下乡，凝聚成为一种力量。

5）农产品

农业主要关系着粮食问题，13 亿多人民的粮食问题也是世界性的问题。我国的粮食虽然连年丰收，但也不可忽视自然灾害带来的损失，以及部分粮食仍然依靠进口的现状。我们要十分重视农业，它是人民生存的基本保障之一。我们要提高粮食产量，更要打造地区的特色农业生产，宜根据各种多样化的农业生产条件来形成良性的农业生态系统。

农产品的销售和交换是农业生产的一大问题，产品的滞销是一种损失，也是农民生产中最主要的困惑，所以发展农业信息化、拓宽农业产品销售渠道，使之获得利润至为重要。同时要合理地组织交通，构建通达的农业物流系统，使农产品获得应有价值。农业物流系统是规划设计中需要重视的。

6）村镇规划

村镇的规划设计面临新的课题，新的居民点、新的农贸市场、新的农村福利设施需要建设，农村中的垃圾处理、供水、供电、通讯要得到保障。城市"病"不能带到农村，农村要防止新的污染，对已经造成的污染作处理。要积极地在农村推广利用可再生能源，如沼气、太阳能、风能等，考虑其实际经济能力使用绿色能源。

散布的村落更多的是自然村，自然村要发展，但更要保持其风格和特色。自然村是基层乡镇的基础，也是民主化的根。把分散的村民集中起来，是建设新农村的必由之路，但前提是让农民拥有自主权。建设新农村不是一蹴而就的，设计者要下农村做出典型，不能在农村也搞"千篇一律"，而应"百花齐放"，尊重农村原有的文化，遵循其文脉而发展。

我曾到过英国的乡村，那里成片的草地、组合的建筑、参天的大树让我联想到"上帝造就的世界"。英国著名建筑师 F·吉伯德（F. Gibbert）所著《市镇设计》一书中，在分析原地区村落特点的基础上做出新的规划设计，这是可贵的。而我国不少地方在自然村的兼并重建中，用行列式的村宅简单联系。我国的新农村建设要有便民思想，不宜建高层。江苏江阴市华西大队的管理和建设有许多有意义的探索，但建高楼用做旅馆，实在是令人费解。为人民服务，不只将本村的经济搞上去，而且带动周边地区的发展，以天下为己任，这才是人们学习的榜样。

7）农村建筑

我国的农村建筑有许许多多的风格，我们不仅要保护它们，还要相对集中地创新地区的农村建筑风貌，切不可"兵营式"地组织，参天的古树、优良的树种也要加以保护。

文化是我们的根和本体，要加倍爱护。规划设计者要与农民、泥瓦匠结合起来，组织培训农民和泥瓦匠。我想不久的将来，农村建筑也会成为中国建筑文化之林中灿烂的花朵。

城乡融合、一体化发展，某种意义上是城镇化的终极目标。农业的转化，即是要不断提高农民自身的文化水平和素质，不断提高农业生产水平、技术水平和农民生活水平，给农民提供就业机会，使农民得到公平公正的对待。随着农业人口相对逐步地减少，"乡下人"逐步地转化为"城里人"。人民更加有知识、有素养、有修养，这是我们奔赴小康、共同致富的目标。我国处于漫长的社会主义初级阶段，我们共产党人最终的远大目标是实现共产主义。

城镇化是一个现象，是一个漫长的过程，要进行持续的研究。城市和农村不只表现为主动与被动，更确切地说是一种互动。城市要哺育农村，帮助农村。在我国经济发展过程中，城镇化对拉动内需起着很大的作用，它表现为工业化、社会化、信息化和生态化，但将城镇化说成"核裂变"甚为不妥。在我国转型阶段，我们更要重视发展，从中找出规律性。

1.5 美丽乡村
Beautiful Villages

1952年我毕业于南京工学院建筑学专业，留校当助教的时候除了辅助杨廷宝老师教一年级学生初步设计课以外，还帮助刘敦桢老师画《中国住宅概说》中的住宅造型等插图。面对来自全国各地的住宅图我感到喜悦，我几乎将整本书的底图都画了一遍，最后潘谷西和我还各自画了一幅农居。这是一种美的享受，使我爱上民居（图1-5-1）。

之后我又花了一个暑假的时间为《苏州古典园林》绘制了16幅插图，遗憾的是后来仅在书中留下1幅。《中国大百科全书》也用了1幅我的钢笔画（图1-5-2）。这些经历使我熟悉了民居的基本构造和风景园林知识，同时也打下了钢笔绘画的基础。

在我国的民居和村落中，我认为福建民居最美，其出檐深远，一般在1.2米以上，严复（中国近代启蒙思想家、翻译家）的家乡的房屋出檐有2米深，有出挑的阁楼，造型变化也甚多。我曾在1979年和杨廷宝老师乘车到福州，当从车窗内第一次眺望福建民居时，我是那么的兴奋，那些村落和住宅是那样的美丽，让人恨不得立刻跳下车去看一看。从福州到厦门，我坐在汽车上，沿途看到不少受海外影响而建造的民居。杨廷宝老师让我看到好的就把路标记下来，以便下次来时再看，可惜再也没有机会了，为了建高铁，这些建筑已被拆除了。

浙江民居同样也是美丽的，其变化之多实为少有。我们收集了许多浙江民居的资料，也画过许多浙江民居的画。每次到杭州我都要去九溪十八涧看看当地的民居，可惜那里也

图 1-5-1 《中国住宅概说》中齐康手绘住宅插图
Figure 1-5-1 Hand drawn illustration of residence by Qi Kang in *"Gentral Introduction of Chinese Residence"*

图 1-5-2 拙政园梧竹幽居（齐康手绘）
Figure 1-5-2 Residence in the Humble Administrators Garden (drawn by Qi Kang)

早被"改装"了，让人遗憾。

云南民居、湘西民居则大多艳丽多彩。我们的农村、乡镇都是美丽的（图1-5-3）。

国外也有许多乡村美景，我曾到过美国、欧洲，其乡村的树、建筑群、山坡、草地甚为美丽（图1-5-4~图1-5-6）。

我年轻时候不断地绘画、写生，并得到杨廷宝老师的指点。一次到张家界，看到张家界入口处有座民居坐落在半坡上，我不禁赞叹道："多现代啊，多美啊！"当时同行的同志说："那您住住看。"我们欣赏传统民居的营建方式和空间组织结构，欣赏它们的美，但这些毕竟已不适合于现代的生活，所以也难怪人们不能认清它们的价值。对于众多的传统民居，我们要有判断，要有分析，我们要去研究探索，挖掘其众多可以使用的功能，让其价值得到彰显。

自然村是中国农村地区的自然聚落，是农民生长、生存、生活的地方。有的自然村只有一个姓氏，由一个家族组成，可谓千家万户一家人，村民间存在着家族关系；有的自然村则是多个家族聚居而自然形成的村落。自然村之上为行政村，行政村可以认为是农村的基层组织，是民主制的最基层，农民可以自选村长。在封建社会中，农民世代为地主劳动，受到剥削。著名电影、话剧《白毛女》讲的就是这样的故事。新中国成立后，农村成立了互助组、人民公社，但之后解体。安徽小岗村18户农民搞单干，树立了农民发展农业的信心，

图 1-5-3　中国村落
Figure 1-5-3　Chinese villages

图 1-5-4　法国村落（齐康手绘）
Figure 1-5-4　French villages (drawn by Qi King)

图 1-5-5　英国村落（齐康手绘）
Figure 1-5-5　British village (drawn by Qi King)

图 1-5-6　卢森堡村落（齐康手绘）
Figure 1-5-5　Village in Luxembourg (drawn by Qi King)

所以基础是在自然村。

　　美丽乡村，我们从这里谈起。我们国家地域辽阔，民族众多，有极丰富和多样化的民间建筑语言。为了适应地理气候条件，各地的民居都有大胆的设想，北京的四合院、黄土高原的窑洞（图1-5-7）、皖南的徽派民居、客家的土楼、草原上的蒙古包、傣家的竹楼、土家族的吊脚楼，可谓百花争艳。

　　我们的村落有自己的建筑语言。如：

　　（1）间。大多数民居均为三开间，加披厦为厨房或养鸡、鸭、猪的圈。

　　（2）墙。用土坯墙，开窗一般较小，仅供采光而已，檐廊下可以挂晒农产品，如玉米等，有的用封火山墙。

　　（3）顶。大多数民居屋顶用瓦。

　　（4）色。总体来讲以白墙黑（黛）瓦为多。

　　（5）基。均有台基。

　　地区气候不同，各地的民居也不一样。在北方多厚墙，双层玻璃，入口有门梁。而南方多空透，防潮湿。再有西部，如陕西一带有窑洞，甚至有双层窑洞，延安的窑洞是为典型。传统的江南水乡一边是水巷，一边为联排的民居，再前为各家的院落。在现今条件下，地区的多样性是传承、转化、创新的课题。

　　传统建筑有许多新的创造，如廊桥是江南一带特有的建筑形式，它丰富了民间的桥廊艺术，且功能实用。

　　传统建筑空间起始是散落、无序的，之后开始有了规划。我们说乡村美，美在自然和人为的结合。

　　现代的农村建筑已发生了很大的变化，过去是草房，现在是瓦房，很多民居建成二层的小洋房，有晒台。

　　我在调查中看到，村子富裕起来后，富有的农民要置办

图 1-5-7　延安窑洞
Figure 1-5-7　Yan'an Cave
图片来源：http://shaanxi.cnwest.com/content/2007
-01/16/content_404521.htm.

房产，建造的都是外国样式的小洋房，卫生条件虽好，但一幢幢新楼脱离了当地的环境。它们不是"地方的建筑"，而是"外国的别墅"。

未来的新村庄建设要有科学、艺术的规划设计，要传承农村现有村落的建造肌理。分散的村落若要集中规划，须征得农民的同意，征求他们的意见，以民主的方式进行协商。我们要寻求一种新的农村风貌，适应农村新的生产方式，建立一种新型的有地方特色的住居形式，不能把城市住居模式硬搬过来。我国土地资源有限，特别是经济发达地区的用地尤为稀缺，因此我们不能浪费土地。农村可以适当地提高建筑层数，改变农民的生活方式，以适应乡镇化、信息化的需要。

农业是"一产"，供应全国众多人口的衣食。农业的重要性，在现今城市化的时代是不可忽视的。乡村文化的提升是建设新农村的重要条件，提高全体农民的文化水平，才能与现代化的新农村建设相匹配。

建设美丽乡村要做到：

（1）要适应农民的生活生产的需要，既要以新的行业为特点，也要寻求一种地区的新风貌。

（2）要重视农村的规划。村庄规划既要利于生产，也要组织好新农村的群体空间，力求自然。

（3）村落建筑空间组织力求亲切、宜人，适当考虑建造村落的标志性建筑。外国村落的标志性建筑多为有尖顶的小教堂，而我国村落宜用学校的钟楼或其他具有地方特色的建筑元素等来表现。

（4）要保护村落的大树、古树，也要保护有文化价值的传统民居，还要尊重地方文化，保护传统村落肌理。

（5）在小山庄周围，可建"项链式"的联排建筑，使山脚下形成一圈美丽的"项链",在手法上可以多样化。

（6）现代的汽车已深入农村，因此农村也要设置一定数量的停车场，同时管控汽车尾气排放。

（7）要管理好河流湖泊，防止污染水系，并坚持不懈地进行河流污染治理。水环境重金属污染地区的生产企业要进行科学合理的搬迁，与民居之间要注意设置隔离带。

（8）要进行创新，形成新的乡村风貌，因为新村落又将是未来的标志。

（9）要实行垃圾分类处理。

（10）要重视各个聚落形态的个性，不使城市建筑的千篇一律重演到农村中来。

对于村落，我们首先要看到它的使用价值，即要看村落是否适宜居住，是否能够供人们使用；其次要看其有无历史价值和历史意义；再要看有无艺术价值，其建筑、街巷、广场是否具有这个地区在空间艺术上的特殊意义等。

古村落保护不是一件简单的事，需要得到国家和地方的投入。有这样一个故事，我曾带队赴英国考查，当时中国驻英国大使馆有一盏摇摇欲坠的吊灯，但中方、英方都不愿修理，因为是古董，而那盏灯突然下坠，被砸了个粉碎！所以历史文化遗产、遗迹包括传统村落的保护要有投入，不然无法维系。同时，还要有人居住，有人管理，也要制定法规，这样它们才不会逐渐消失。

欧洲的古建筑大部分是石砌的，易于保护，虽经历几百年的风雨，仍可以保存完好。而我们国家的古建筑大多是梁木结构，易燃、易腐，所以，要有专门的人员来管理，做好防火等维护措施。

我国已经成立"古村落保护与发展专业委员会"，并制定了具体的章程，如确定保护对象，对包括室内的照壁、门窗、隔扇等做出整体的保护。

我国古村落数量众多，类型多样，涉及面广，融入了当地的风土人情和世俗文化，是我国重要的物质文化遗产，它的发掘、保护使中华文化获得更加深入的传承和发展。

1.6 乡镇空间组合
Spatial Configuration of Towns and Villages

自然村是农村居住的最基本的单位，在我国经济发达地区，自然村密度高，可以遥遥相望。在江苏北部等人口较为稀疏的地区，其中心为乡镇，乡镇之上为县城。乡镇是我国最基层的行政机构，一头连着农村，一头连着城市，只有在乡镇范围内做好空间规划，才能使城市和乡村合理地结合起来。

乡镇空间组合首先要做好道路规划。要使乡镇道路对接且无缝对接，使县、镇、村有着网状的道路联系。道路先行，其次才能谈及修筑必要的设施，如托儿所、幼儿园、小学等等，以便促进农村的经济发展。

乡镇可以有自己的自来水，自然村则靠打井取水或山水取得纯净水；边远乡村的用电要充分利用沼气发电、风力发电与太阳能发电。要使每一户的供电供水都得到保障，使之逐步达到现代化的种种需求。

信息渠道是我们必须考虑的，在穷乡僻壤的乡镇尤为重要。开辟道路和水源、传播信息和文化、打造美丽的乡村是政府的职责。

乡镇的规划设计，随着小汽车进入农村家庭，要注意停车场、交通站的位置，不宜有穿过乡镇的过境道路，要合理组织交通。乡镇在某些地区仍保留祭祀的习惯，所以规划设计时要留出空地或者广场，并建造停车场，给参与者留出停车空间。古树、古井、古村落要注意保护。

人口密集地区村落的兼并不可避免，为节用地，原来的

图 1-6-1　滨海古村落——广东范和村
Figure 1-6-1　The ancient coastal village–Guangdong Fanhe village
图片来源：http://www.huizhou.cnlytour_hzdl200712t20071203_95151.html.

图 1-6-2　山地古村落——福建碗窑古村
Figure 1-6-2　The ancient mountain village–Fujian Wanyao village
图片来源：http://you.lsol.com.cnscenery10110.

图 1-6-3　山地村落——西江千户苗寨
Figure 1-6-3　Mountain village-Xijiang Qianhu Miao Village
图片来源：http://www.nipic.comshow1624119211k7 cd1ee2c.html.

单幢房屋有可能组合成二三层的农村住宅建筑，但不排除保留原有的具有历史价值的乡村住宅、祠堂、戏台或其他公共场所。目前全国各地都有新农村的住宅样本供农民筑屋参考选择。

我们应力求保持原有地方建筑风格特点。先辈们创造出多样的传统的民居建筑风格，浙江民居、福建民居及云南民居等都美丽、朴实而大方，还有一些民居带有海外建筑文化特征。然而令人惋惜的是，很多古村落已经荡然无存了，仅有的一些民居遗存还被开发成旅游景点。我们对历史建筑的保护迟了一大步，我们还有很多事要做。古村落的保护是文化遗产保护的重要工作，要进行视觉保护、原址保护，传统风格的建筑和建筑群要得到好的设计，但假古董并不被赞赏。有志于农村建筑的设计师要到农村做好新农村的建筑和规划设计工作。每个时期都有设计时尚的风格风貌，往往它像一阵风一样到来，横扫一切，迷惑了人眼，但时尚中有许多好的东西，我们要加以识别。建筑不像衣服、器具，研究其风格、保护建筑文化遗产是有价值的。

全国各地的气候条件大不一样，有寒冷的东北，有湿润的南方。多种地理气候条件造就了丰富的乡镇风貌，有高山边的村落，有流水边的乡镇，有大城市的边区，也有海岛上的渔村（图 1-6-1～ 图 1-6-5）。我们宜求实和创新，因地制宜，打造具有地区特色的乡镇风貌。我们需求科学的宜居空间，这是整体建筑学在农村建设中的一个重要内容。

图 1-6-4　水边的村落——安徽宏村
Figure 1-6-4　Waterfront village-Anhui Hong village
图片来源：http://www.cr24b.comhtmlwenyizoulangshuh uazuopinxinshangsheyingjiazuojijin3093.html.

图 1-6-5　山腰的村落——婺源
Figure 1-6-5　Mountainside village-Wuyuan
图片来源：http://www.baike.comwikdocspqrhistoryv ersion.dover=3&hisiden=sZHFndWV6V%2CQlYVlRk%2 CeGdyYQ.

1.7 乡镇管治
Township Management and Governance

乡镇是我国最基层的行政机构，涉及农村千家万户。

乡镇管治最重要的是使广大农民的生活文化水平得到提高，使居家的空巢老人得到照顾，使留守儿童能受到教育。特别是要给儿童创造良好的受教育环境，建造校舍，极尽可能减小他们上学的步行距离。电视节目《远方的家》讲述了许许多多的故事，其中有孤寡老人悉心照料留守儿童的，也有儿童照顾老人的，一个个故事让人感动，也引人深思。乡镇管治的关键在于乡镇干部。许多乡镇干部帮助农民发家致富，开拓道路，在缺水地区打井取水，挽救灾害造成的损失，他们的事迹彰显了广大基层干部质朴而勤劳、无私奉献的品质，但也有少数干部以自己的意志来管治。作为乡镇干部，要用一颗赤诚的心来对待周围的乡民。

乡村有集聚点分散的问题，于是政府集资或投资来改善村民生活，村落的建设成为常有的事。而怎样迁移，怎样建楼，怎样安居，都尤为重要。不少村落给农民建了多层的住宅，但是农民无法居住：农具无处堆放，蔬菜无处种植，晒场也未布置。更甚者农民面临房屋被拆迁，新房又未建好，住不进去的局面。乡镇的管治也是要有监督的。

我国正处于"农民潮"进城的时期，怎样完善保障体系是一件大事。目前，城乡间开展了完善保障体的工作，广大农民已得到温饱。但是我们还需要提高生产力，依据各地的特点，形成保障体系和网络，进一步提高保障水平。

乡镇下属的行政村是农业生产的第一线，随着乡镇的发展，作为最基层的组织——行政村扮演了更重要的角色，管理生产、自然村，建设农村医疗、社会保障体系，开发旅游等等诸事繁多。

乡镇管治问题，关键在于教育，关键在于管理者，某种意义上管理者掌握着绝对的决定权。选拔管理者，农民选举是重要手段，民主进程是十分重要的一环，因此要确保施行民主选举，确保乡村的干部由农民直接选举出来。

村长是农民选举出来的，服务于当地广大的农民，而村委会是最基层的管理单位，是村民选举产生的群众性自治组织，他们执政的好坏直接影响着村民的生活，村干部要受到集体的民主监督。不少自然村多少带有家族制，族长在地方上颇有权势，他们可以通过自身努力或继承来执行管理，管理可能并不透明，走向体制改革需要一个长时间的过程。

对于户籍制度，实质是区分了城市市民和村民，是不平等的做法。老、少、边、贫地区的管理也是一项重大问题，这些地区或地处边缘地带，或是少数民族聚居区，国家给予支持是必要的，但自力更生更是脱贫致富的有效途径。我们要力求逐个、有步骤地去解决这些问题。

管治是一项系统工程，做好协调工作很重要，这里举一个案例。

江苏省在全国属于经济发达的省份，苏南地区尤为突出。江苏省可划分为三个区域，南京、镇江、常州、无锡、苏州为苏南，扬州、泰州、南通为苏中，淮安、盐城、宿迁、连云港、徐州为苏北，苏南较苏北经济发达。

2011年9月，江苏省省委省政府召开全省城乡生态文明建设工作会议，印发了《关于以城乡发展一体化为引领全面提升城乡建设水平的意见》，明确提出："十二五"期间将提高江苏城市建设水平，不断改善城乡人民居住环境，提高城乡建设成效，惠及全省广大人民。尤其是在农村推行"美好城乡建设行动"，涵盖城乡建设规划引导、村庄环境整治等内容，城镇功能提升、城乡建设中村庄环境整治是重中之重。并提出《全省村庄环境整治行动计划》，要求大力整治村庄环境，争取3～5年内改善全省村庄面貌，计划在2012年初见成效，2013—2015年达到普通改善，有条件的苏南地区在2013年提前完成任务。2011年10月，江苏省召开了"美好城乡建设行动"的启动仪式，将地点选择为率先启动村庄环境整治的南京市江宁区荷塘村。

这项工作取得了预期的成果，这是国内率先进行的村庄环境整治行动。南京、扬州有关高等院校相关学科及设计院加入到这项行动中，他们对各指定城市和乡镇做了深入调查，取得了较好的成果。

《全省村庄环境整治行动计划》总的指导思想是将坚持改善环境与促进发展相结合，使村容村貌整洁、生态环境优良、乡村特色更加鲜明、公共服务设施配套，并提升乡村活力；将发展乡村旅游与农民增收致富有机结合，使经济繁荣有机统一。

其次是坚持服务均等，促进城乡道路相互连通、供水供电网络无缝对接、垃圾统一收运处理、公交一体化运营，加强公共服务体系，使城乡有各自的风貌。

第三，订立发展标准，力求达到小康水平。苏中、苏北以改善生产、生活环境为重点，坚持因地制宜，尊重本地的文化内涵，尊重原村落特点，不搞大拆大建。整治后，乡村转向"城市化"。

第四，统筹规划，突出建设重点，结合地区的经济发展现状，重点建设城镇入口、高速公路铁路两侧、重点工业园区。

第五，政府与群众紧密联系，共同做好工作。

第六，集中整治，治理突出问题，防止"脏、乱、差"现象的反弹，做到"治、管"并重。

这项工作实行加强领导、分片指导、相互沟通、狠抓落实、细化责任、明确标准、建立制度、培育典型、注重宣传、建立考核标准及对应环境整治考核评分办法等措施，得到了群众的支持，形成男女老少参与的改善整治的建设氛围。目前这项工作取得了相当成效，得到了政府、群众、专家的好评。

要做到城乡一体、城乡融合，需要自下而上的提升。自身的主动性是矛盾的主要方面，再有需要政府给予支持。求真务实，多做实事，我想不远的将来康庄大道肯定走得通。

要缩小贫富差距，首先是要解决城乡差距的矛盾，这项工作我们还有很长的路要走。城市更多地哺育农村，农村促生产、抓特色，才能使农民逐步富裕，消除城乡贫富差距。中国特色的社会主义，要求我们寻求宜居的环境，这个梦一定会实现。

1.8 乡镇休闲
Village and Town Recreation

乡镇休闲应区别于城市景观，因为大地自然、农田耕种也是一种景观类型。

我国古代的田园诗人有一种"采菊东篱下，悠然见南山"的悠然自得的情怀，这是一种文人雅士的脱世之道。而今不同，城市生活逐渐富裕，旅行已成为平常事。我们国家实行五日工作日制，双休日加上各种长短节日在时间上创造了良好的旅行条件，为旅游提供了时间的保障。交通四通八达，城市私家车数量大大增加，使人们可以自由地出去旅行。退休人员的增多，更增加了出游人群的数量。正如城镇化的发展进程一样，起始是自发地到农村休闲，再而农村有了"农家乐"，可以下厨做农家菜，还可以住宿，到有特色的农民家中去体验农村生活，接着形成有组织的集体出游。人们不再拘泥于城市中的娱乐，"农家乐"成为一个好去处。现在农村生活体验、有特色的乡村风景观光富有吸引力，所以我们要组织和发掘这方面的特色。

休闲农业、林业、牧业及其活动的组织，开始了一种新的有意义的活动，结合了第一产业和第三产业，把生产、生活整合在一起。对农村而言就是要提供休闲服务，开发服务型的行业，提供相应的餐饮，销售特种农产品，为参观、休闲和聚餐提供条件。

乡镇休闲可以让人们学习到农业生产的知识，使人们更加了解大自然，享受新鲜的空气、洁净的水。乡村的生活与城市生活截然不同，在乡村，人们会得到一种回归自然之感。有一次，哥伦比亚大学建筑系主任来南京看我，带来他的孩子，他对我说："我的孩子在城里，分不清鸭子和鹅"确实城里的儿童要到农村去看看，了解农民的生活是有好处的，郊游也是学习知识的一种途径，它可以增长儿童对事物的认识。农村不但有特色景观，还有农产品和市集交易等特色活动。季节性地到农村去郊游，甚至住在农民家里，都能增长知识。农民工进城，同时城市市民也走入农村，这也是一种融合和一体化。农村可以将自然风光——村落、田野、空气、碧水和农民之间的活动提供给城里人，将农村的自然和人文资源打造成特色的体验、休闲、娱乐、度假方式。

休闲农业可以促进城乡统筹，增加城乡互动。农村提供休闲娱乐服务，同时吸引城市不断把信息、文化、科技传送到农村，使农民感受现代观念和生活方式，提高农民的素质。

农业休闲可以改变调整农业生产结构，拓展农业功能和产业链，增加农民收入，为农业建设创造良好的经济基础。

不是所有乡镇都可以打造农业休闲产业、发展旅游业，这和当地城市的规模、交通状况有密切关系。同时打造休闲农业要有一个过程，首先要自我整治，其次要寻求机遇、创造条件。不论怎样，农村都要自我提升经济发展水平，找出自己的特色，有计划地进行提升，更好地利用村落中的自然物质条件，展示自身的价值（图1-8-1，图1-8-2）。

图 1-8-1　南京高淳桠溪农家乐
Figure 1-8-1　Nanjing Gaochun Yaxi farm stay
图片来源：http://upload.njdaily.cn/2013/0314/136325
9589130.jpg.

图 1-8-2　成都三圣乡幸福梅林
Figure 1-8-2　Chengdu Sansheng village's happy Plum Grave
图片来源：四川旅游网．

1.9 农机与乡镇
Agricultural Machinery and Villages and Towns

农机是发展农业的重要环节，兴建农机，将其与植物保护及水利等相结合，是国家惠民政策之一。农机是一个开放领域，是农场机械化的一个环节。目前，我国机械化水平快速提高，给农机企业的发展带来了契机。

农机市场得到国家的补贴，补贴机具占农机总销量的比例较大，各地都如此。各种收割机、播种机相继出现，适应了不同地区的农业生产需要以及多种种植的需求。农民收入逐步增加，进一步促使农机消费增加，"十二五"末农机工业总产值将有望突破6000亿元。

农机的种类也因之而变化，品种之多可谓五花八门。农机根据农业的种植特征而形成，有耕种机械、植保机械、排灌机械、种植施肥机械、收货机械等多种类型。有了机械同时也有了相关的配件和保养。

随着大量的农民工进城，一批农业生产能手也进城打工，农村留下了孤寡老人和留守儿童，这给农业生产提出新的要求，农业生产的个体逐渐被承包单位替代。如农业大省东北黑龙江就由农业工人来承包大量土地，附近设有农机站，为承包户提供机械需求。机械化的出现，使农业结构和组成有了新的变化。

我国有13多亿的人口，城市化率据目前统计已超过50%，即过半人口进入大中小城镇，这是一个可观的数字。在快速城市化进程中国家首先要进行控制：城市发展占用多少土地，人口转移需要配建多少基础设施和福利设施，农业

人口怎样转化为城市人口、怎样摆动，都需要我们去研究。城市的机械制造业为农业服务，带动了农村的服务业，使农村的人口性质部分发生了变化。农民进城打工，从事从"粗加工"到"精加工"的工作，也有的成为成熟的工人，这也是城乡一体化的一种途径。从"粗加工"到"精加工"，都是建立在学习的基础上，城乡学子的创新带来了人口的转化和结构的调整，加上信息化改变了农民的观念，这都进一步促进了城乡融合。其中为"二产"服务的条件也产生了变化，我们要重视这种变化。

我们要从农业生产方式，特别是要从农机投入和农村工业新型化、知识化、科学化开始，研究农业机械的合理应用。农业机械、农业的工业化、交通运输、物流、工厂，为服务业创造条件，农村也将因此改变生产方式，产生城乡互动的新型结构，我想到那时乡镇企业及农村的产业结构会有一个大的变化。

分散的自然村和乡镇，在集中地使用农机时必须要将农田统一起来，这要求农田要得到整合、平整。新的时期要求我们发挥机械化的能量，合理科学地使用机械，不再一户一户地进行生产，甚至跨区域来组织大规模的生产。机械使人们共同生产，共同享有，机械化、信息化在无形中使农民由小我转变为大我，使农民懂得协作的重要性、可行性。机械化、信息化组成的产业链，改变了乡镇的形态和观念，使城乡结合的步伐加快。过去农业生产是人工劳动，由牛来耕

地，而现在是"铁牛"。耕作方式（图 1-9-1）的变更也就是产业结构方式的改变，其上层建筑的农民组织也要产生变化，我们要看到这个前景。农田的管理不再一家一户地进行，这给农村的基础设施建设提出新的要求，农村的交通必须打通，水、路、电，必须统一地在农业用地上进行规划。农业生产机械化，比落后的生产模式"一大二公"要进步得多！

　　我们探索城乡一体化必然要动态地进行，农村和城市都要统一规划，在乡镇建设和规划设计中，合理地安排农机使用、管理和安置所需的场所和空间，整体地组织农村机械生产所需的道路、电路、排水和灌溉渠道。在新的观念下，要有新的行为，也要求有新的统一。

图 1-9-1　农机耕田（齐康手绘）
Figure 1-9-1　Agricultural plowing (drawn by Qi Kang)

1.10 农业发展
Agricultural Development

研究地区的现代的新农村建设，必须先了解农业发展的前景。农业一直以来是我国国民经济的基础，农业收入的多少，关系着广大农民的收入和生活水平。改革开放以来，大批农民转向城市，一边农民要进城务工，有向"二产""三产"转移的需求，另一边农业要发展，有改变生产方式、提高生产价值和水平的要求，总的目标是要提高农民的生活水平，但也构成了种种矛盾。国家虽然免除了农业税，但还需要运用其他措施来提高农民的收入，减轻农民的负担。

城市人口大大地增加，要占用土地，近郊农民就成为失地农民，先得到补偿，而后他们又将如何生活？怎样利用各种产业来致富，是近郊农民及各地乡镇必须要思考的问题。是靠养殖业、小型制造业，还是靠运输业、旅游业，不但要根据各地的具体情况而定，还要考虑原有的乡镇企业该如何生存问题。乡镇与城市的发展不相匹配，我们要解决这种失衡。中央政府提出以科学发展来统筹全局，城市的工业要反哺农业，城市要支持农村，要达到城乡一体、城乡融合，又提出"生产发展，生活宽裕，乡风文明，村容整洁，管理民主"的目标，以改变过去的失衡现象。目前全国"三产"产值占生产总值的比重已达 40% 左右，这是一个了不起的进步。

农村的生产和发展需要有劳动力，如何配置劳动力是十分重要的，而农业的提升在现实环境下还要依赖：

（1）天气——气候条件仍起相当作用。

（2）种子——粮食及其他植物的种子要得到培育，从而具有优良的品种。

（3）肥料——增加人工的及自然的有机肥的使用，减少化肥的使用量，以提高土壤有机质与土壤肥力，改善土地污染状况。

（4）收割——及时完成收割，大面积的机械化种植与收获技术需要得到更广泛的推广。

（5）储藏——要有良好的仓库的存储条件和完善的管理机制。

农业的生产主要依托于土地，我国农业用地有限，必须严格控制，严禁占用或挪作他用。

我国在解放后产生互助组、生产队、公社（小公社以大队为基础，大公社为几个大队组成）的生产形式，其结果是大大挫伤了农民的积极性。在安徽小岗村 18 户农民搞单干的尝试后，农业获得一次释放，形成家庭联产承包责任制。如今农业生产集约化、专业化、组织化，追求技术进步，机械化程度增高，并且农业熟练工人的数量也日益增长。现阶段，提高农业生产率是农业发展的关键，健全劳动保障体系、城市辅助农村、城乡融合一体，则是提高农民生活水平、达到共同富裕之路。

"十二五"期间，我国的农业发展还存在着诸多困难。总的来讲我国的农业仍然属于粗放型农业，农业经济发展滞后，城市带动农业的力度依旧不够强。农业要成为重中之重，还必须下大力气，农村与城市统筹发展、城乡一体化在相当一个时期都是必须坚持执行的重要政策。这就要求工业反哺农业，城市支持农村，从而加快农业现代化的脚步，这也是全面建设小康社会的一个重要举措。

农业生产不仅受到自然条件的影响，还受到人为的具体执行政策和组织结构的影响。

近年来我国粮食年年丰收，是1985年以来农业发展最快的时期，各种农作物产量都在增长。我国始终把农业放在重中之重的位置。

我们讲宜居也应当把农业放在重头上，但怎样建设地区的现代的新农村？笔者认为，增加农民的收入除了要靠城市产生的反哺、加大投入外，还要具体到在各地区的规划设计、建筑设计中，要有策划、有规划、有计划、有设计地进行地区建设。

我国是一个农业大国，农民占有相当的数量，粗放型经济增长模式仍然要持续一个历史时期。我国人口处于增长期，到"十二五"末期全国总人口将达到13.9亿左右。与此同时农业人口的结构正在发生变化，大量的农民工进城或从事非农业生产。但是农业产品的需求并没有降低，反而提升了，粮食的需求量也随之增加。但是淡水供应短缺，地下水过度开发，区域性气候变化，加上留在农村的劳动力逐渐减少，给务农造成困难。我国是粮食消耗大国，节约粮食成为国民必备的素质。像这样一个大国，如果粮食要完全自给，必须有相应的储备，从总体上看，我们要有清醒的认识和必要的

措施。我们也要看到我国总体上农业劳动实力不足，农业的基础设施落后，这是一个普遍问题。在发达地区，虽然生产条件好，农民有相应的生活保障，但每人仅占有几分地。东北虽然有大片的产粮区，可以使用农业机械耕作，然而面临旱、冻、缺水给农业生产带来的损失和影响。生产和供应的复杂和难度是我们面对的最大问题，其压力之大，是必须思考的。

面对这样一个基本状况，我们国家要全面实现小康社会的奋斗任务是繁重而复杂的。一方面经济发展滞后，另一方面农民收入相对较低，比之小康水平仍有差距，特别是贫困地区更为困难。

要在农业现代化建设上取得进展，必须强调加强农业基础设施和农田水利机械化的建设，修建必要的水库，疏通河流。还要培育选取优良的种子品种，依据土壤的特性划分种植面积，加强田间管理和收割，做好仓库的储存保管，加强机械化的管理，加强农村的信息化，使产品及时得到流通，总之要使农民得利。

按照党的十七届三中全会提出的农业现代化建设、新农村建设和城乡一体化发展的基本要求，到"十二五"末期，我们要努力实现以下目标："二产"、"三产"进一步提升；农村劳动力转移就业规模不断扩大，新增转移就业总量达4000万人；农民年人均收入在2015年达到8000元，保障体系得到全面覆盖；农民的生存环境更加宜居和谐，文化

教育事业、医疗卫生水平有了明显的改善。为此，我们还有许多工作要做：

在乡镇建设方面要有科学的规划，保护水面和农田，保护山林及古村落，使乡镇生态化。在乡镇范围要有统一的区域规划和健全的管理体制，并在资金、技术、人才、管理等方面实现有序的流动，提高总的财政收入，这样才能最终实现城乡一体化的格局，使城乡进一步融合。

总的来讲，要转变农业的发展方式，大力推进现代化农业建设，特别要保护农田，实施保护性耕作技术，做好轮作制，加大投入，推进农业自身的创新机制，培养农业人才新的接班人。

农业各大种植品种，如粮食、棉花、油料等，要进行高产的研究，使之生产集约化。再就是在收割、加工、销售等农业生产的全过程中，要十分注重节约资源和保护生态环境，建设节约型农业、循环农业、生态农业的可持续发展的能力。

在体制上要完善农村土地承包责任制，适度地进行规模经营。现阶段农业从业人员逐渐减少，规模经营已初见成效。进一步要培育农业专业大户，以农民专业合作社和农业企业等规模经营为主体，注重流通和中介，探索建立经营权流转补贴机制，为转出农地的农户提供信息平台。

我们还要健全农村社会服务体系，关注农业税收和农业金融，做大做强农村龙头企业，充分地为"农"服务。

1.11 新农村的指导
Guidance for New Rural Areas

改革开放以来大量的农民进城，快速的城镇化给城市和乡村带来诸多矛盾。土地问题、基础福利设施问题、就业问题、农村的第二代劳动力问题、孤寡老人问题、留守儿童问题，都摆在我们面前。我国是发展中的大国，人口基数大，计划生育政策已经使我国少生了 4 亿人口。如今我国尚有相当数量的农民在农村生活，虽然农业税免除了，政府给了农民诸多优惠政策，但农村仍有众多的贫困户。怎样使农业生产集约化，怎样放开农村土地流转权，在党的"十八大"工作报告中都有提到，十八届三中全会也做了详述。这个总的文件指出，农村面貌将会有大的变化。只有占全国一半人口的农村发生变化，我们国家才能走向共同致富的道路，实现"两个一百年"的目标。

由于历史的原因，农村中的户籍问题存在了近 60 年，现正在逐步放开。我们必须健全体制机制，形成以工促农、以城带乡、工农互惠、城乡一体的新型工农城乡关系，这样才能让广大农民平等参与现代化进程，共同分享现代化成果。在现今生活中，从全局来看，"三农"问题仍然是一个大问题，相信按照十八届三中全会的精神"三农"问题会逐步得到解决。

农业的经营就是要加快构建新型农业经营体系，坚持家庭经营在农业中的基础地位，推进家庭经营、集体经营、合作经营、企业经营等的共同发展，开展农业创新，坚持农村集体土地所有权，依法维护农民土地承包经营权，发展壮大集体经济。就是要稳定农村土地承包关系并保护长久不变，在坚持和完善最严格的耕地保护制度前提下，赋予农民对承包地占有、使用、收益、流转及承包经营权抵押、担保权，允许农民以承包经营权在公开市场上向专业大户、家庭农场、农民合作社、农业企业流转，发展多种形式规模经营。这可谓对农民的鼓励和支持，是最大化的放开。

另一方面发展农民合作经济组织，扶持规模化、专业化、现代化经营，允许村镇项目资金直接投向符合条件的合作社，允许财政补助形成资产转交合作社持有和管护，允许合作社开展信用合作。辅助和引导工商资本到农村发展信用合作，鼓励和引导工商资本到农村发展适合企业化经营的现代饲养业，向农业输入现代生产要素和经营模式。上述"十八大"精神为农业展示了广阔的前景。

"十八大"还提出赋予农民更多的财产权利，保障农民集体经济组织的基本权利，积极发展农民股份合作企业，赋予农民对集体资产股份占有、收益、有偿退出及抵押、担保、继承权。保障农户的宅基地用益物权，改革完善农村宅基地制度。需要选择若干试点，探索农民收入的渠道，建立农村产权流转交易市场，推动农村产权流转交易公开、公正、规范运行。可见保障农民的宅基地相应权利以及规范相关交易市场是农民保障体系的重要一环。

再有要对农民同工同酬，保障农民公平分享土地增值收益，保证金融机构的农村存款用于农村。要健全农业支持保护体系，改革农业补贴制度，完善粮食生产区利益补偿机制，完善农业保障制度，鼓励社会资本投向农村建设，允许企业组织在农村兴办各类事业，统筹城乡基础设施建设和社区建设，推进城乡基本公共服务设施。可以认识到中央十八届三中全会明确地在农村建立了一系列开放、公平、公正的体系，以促进农民生活完善和农业生产的经济收入，提高农民的生活水平。

十八届六中全会提出要完善城镇化健康发展的体制机制。城镇化是工业化、信息化、生态化过程中的一种现象，这个过程要有一个时期。城镇化以人为核心，土地制度以土地为基础，于是二者相互占有和相互矛盾，且总是不断转化和调整，为此人和地形成一种空间占有的活动。所以要推动大、中、小城市与小城镇的协调发展以及产业和城镇的融合发展，促进农业产业化与农村城镇化的协调发展，使城乡空间结构得以综合利用（Mixed Land Use），使城乡空间发展到极致。城乡空间的管理至关重要，一定要完善和处理好投资机制。土地有经济价值和使用价值，各种活动特别是人的活动又形成了"场"（Place）。城市的基础设施的运行要有各种渠道的合理融资和建设，使人们住得好、住得起。相对

于城市，自然村是分散的，其基本的设施是道路，在水乡地区还有水边的公共场所，再上一层是城乡之间的道路等各级快慢交通设施，而乡镇既要解决好取水、供暖和垃圾堆放问题，又要具有特色产业。城镇化的进程中的土地问题、基础设施问题及各种制度问题，都要以"人"为核心。要使农民可以进入建制镇，有序地放开中等城市户口制度，严格控制特大城市人口规模，稳步推进城镇基本公共服务常住人口全覆盖，把进城落户农民纳入城镇住房和社会保障体系，在农村参加的养老保险和医疗保险规范接入城镇社保体系。建立财政转移支付同农业人口市民化挂钩机制，从严合理供给城市建设用地，提高城市土地使用率。一切要有序有步骤地进行。

我们研究地区的现代的新农村，要十分强调富国强民，建设特色的社会主义。

建设好地区的现代的新农村要区别各地区的差异，掌握党的十八届三中全会的政策，做好乡镇规划，有步骤地做好基础实施工作。要保护好自然环境，完善管理机制，使人人得以宜居，使人们的生活更加美好。

2 地区的现代的新农村

Regional Modern Towns and Villages

2.1 中国社会主义特色的新型城镇化
New-type Urbanization with Chinese Socialist Characteristics

城镇化牵涉到城市和乡村的关系。我们讲城乡一体、城乡融合，但矛盾的主要方面集中在城市。因为农村相对贫困，大批农民在短期内快速地涌进城市，给城市造成巨大压力。

我们讲城镇化是人的转化，即农民转为城市市民。

城镇化在世界范围都是因工业化而开始，但是产业化生产、科技发展使城市人口快速增加，产生诸多城市问题：

（1）城市土地的扩张，地价上涨。

（2）城市基础设施需要增强，相应福利设施要完善起来。

（3）进城农民的衣、食、住、行成为问题。城市开始建设保障房，增加交通设施。在土地的二元所有制结构下形成被包围的城中村，而后被改造。

（4）农民工进城后，在农村的务农人员减少，留下留守儿童和孤寡老人，一些地方只有留守老农来维持农业生产。

（5）由于有的自然村过于分散，其居住空间需要重新组合、兼并，发达地区的农民住房提高建筑层数也在所必然。

（6）农民工进城后户籍成为一个"门槛"，常常是户籍在农村，而人居住在城市。有的人从事"三产"，有房子，有了自己的第二代、第三代，但户籍未变。这就产生了进城农民工户该怎么办、农村劳动力又该如何组织的问题。

（7）"城市病"在郊区蔓延，如河流污染严重、垃圾堆放困难、城乡结合部的交通拥堵等弊病，怎样综合整治也是摆在我们面前的问题。

（8）土地的扩张带来了房地产价格上涨，而且高居不下，城市内的新陈代谢、改造也存在着利益之间的博弈。

（9）土地拍卖机制使土地出让收入成为政府收入的重要来源，就近农民农转非，可以得到暂时的利益。但是如何深化土地制度的改革需要我们做深入的研究。

（10）"旧型"城镇化如何成为新型城镇化也是一个转型的过程，这个过程要求生产方式得到提升。新型城镇化是经济、政治体制、科技的提升。

（11）新农村的建设要得到城市的哺育，要将城镇化与信息化、生态文明、科技文化结合起来。我国地域广阔，发展程度不一，交通便利且有特色的乡镇发展较快，远郊的乡村仍然存在贫困现象。各地区特别是西南片区要依据自身的特点，制定相应对策、政策和措施，创造因地制宜的人居环境。

新型城镇化要走中国社会主义特色的道路，转变观念，创新机制，不以 GDP 增长速度作为唯一的目标，而是以幸福指数来衡量。新型城镇化建设要讲学习，讲服务，讲创新，走自己的路，同时吸取世界各国的优秀文化。

新型城镇化，势必要达到城乡融合、城乡一体，走共同致富的道路，根据不同的地区生产类型不同和地区条件、自然条件，提供相应的福利条件和宜居的环境，使人们享受充沛的阳光、新鲜的空气、没有污染的蓝天净水，使自然环境得到大大的提升。

这是一个梦，是一种理想，也是一种现实，可以在不断实践中发展进步，在克服困难中去获得。

新农村同样要有生态文明，绿色大地。

新农村必然要在土地上进行结构性的调整和改革，这样才能缩短农业生产价值与工业生产价值的差距，使核心的价值体系获得统一。

新农村的农业要走现代化、机械化、信息化的道路，充分利用一切有利于农村更新的新的科技，培养一批新的机械化的农业工人。

新农村必然要完善社会保障体系，使老有所养、幼有所托。

新农村必然要成为休憩的空间、旅游的空间，成为吸引大城市的人们的好去处和向往的地方之一，使人们有着田园城市的享受，使身心获得解放。

新农民要得到良好的教育，要有知识，有文化，有素质，有道德修养。

新农村要建设发达的道路和信息系统，使农村与城市更加接近，不受户籍制度的约束，同时这也是减少"大城市病"的一种重要措施。

新农村的政府机构的职能要得到改变，要民主、祥和，为人民服务。管理机构要真正做到为人民服务，成为人民的公仆。

设想的新农村还会存在矛盾，因为文化知识上的差异和人们爱好的差异不可能消除。但是这些矛盾能促进人类的进步、人类的和谐，促使走向新的和谐社会。各民族的传统、习俗不同，新农村要保留那些优秀的传统习俗，并将之发扬光大。各民族之间要团结融合，国家和管理者的职能要更有利于人民。

城镇化是现代化的一个主要方面，是必由之路，世界各国都要走这条路，我国的现代化也需要走这条路。从英国工业化开始，西方国家经历了几百年的历程，而中国有超过13亿人口，它所走的道路是前无古人、后无来者的，是有世界意义的，这是本世纪世界上的一件大事。我国在改革开放后发展加快，也带来相当多的弊端，所以中央提出发展新型城市化区别于过去。这个"新"字是十分重要的。大量事实告诉我们，新型城镇化不同于以往，新型的城镇化和乡村建设是脱离了过去的方式，走中国特色的社会主义道路。我们要真正把农民变成城市市民，缩小劳动力差别。虽然名义上我国的城镇化率达到50%，但是实际上仅有35%。农民工还没有全部落户城市，1990年代出生的二代农民分不到土地，也没干过农活。城市郊区的土地上失地农民有2%~3%。人可以流动，而土地不能。土地价格越来越高，城市中心地区的土地价格与远郊的土地价格相比天壤之别，又造成巨大的贫富差距。我国政府已采取各种措施，但总体上仍有诸多矛盾。城镇化不宜将远郊的土地并入，来置换城市的土地，这是不可取的办法。城市中的一些农民工住在城中村及工厂附近的低矮房子中，虽然政府建造了许多廉租房，但解决不了众多农民工的居住问题。大城市建设了许多基础设施和福利设施，使城市环境好上加好，但依然未能避免产生诸多的城市病，甚至一些城市病难以根治。

目前我国正处于社会主义市场经济初级阶段，政府宏观调控是必要的，但不能只服务于广大城市市民，也要考虑怎样服务于广大农民工和边远地区贫困的农民。这涉及局部和整体的问题，是要十分关注的。政府加强制定行之有效的措施，使土地、房地产得以平衡，使之为全民服务。我们要着眼于广大人民，使全体人民共同富裕起来，这才是真的致富。

实现真正的新型城镇化还有许多工作要做。我们要使中心城市更为宜居，建设更多的福利和公共设施，有更多的"三产"可以分工，有更好的交通联系大城市与乡村，再有使城乡户籍制度得到妥善解决，以税收的作用让广大人民得到更多的实惠，使中产阶层得到壮大和稳定，让城市哺育农村，使农村得到真正的利益，使特色农业如乡村旅游和畜牧业等有新的发展。

我们设想的新型城镇化一定会到来。产业转型、经济转型、生态文明转型都会有更大更广泛的发展。新型的城镇化这个梦一定能够实现，我们也在各地区不断探索新型城镇化和新农村建设之路。

2.2 小城镇与城镇化研究的过程与特色
Process and Characteristics of Small Towns and Urbanization Study

20 世纪 "六五" 期间，我和同事们就开始研究 "城市化与小城镇发展政策"。我们走遍大江南北，可是当时不是国家经济发展期，显示不出城镇化研究的重要性。1970 年代向地理学界学习，1980 年代又向费孝通学习小城镇问题，这些都使我受益颇丰。

近两年江苏省住房和城乡建设厅提出提升村镇建设水平的目标，使我想起长达 40 多年的探索过程。

开始在无锡时，我观察到人口由农村向乡镇摆动，人们早出晚归，最初认为这只是一种现象，是人口转移的过程。考虑地区的发达程度不一，城市化在各地呈现不平衡的特点。之后，报纸上刊登 "城市化像一个核裂变"，它是一种动力，可以带动一切，推动一切，且拉动内需。城市化使城市人口增加，随之城市的土地、基础设施、福利设施的需求也会增加，社会保障体系也成为必需。城市的土地与房地产挂起钩来，于是政府对外招标，与房地产商形成密切的关系。在种种情况下，一部分人富裕起来，某种意义上即是在拉大贫富差距。腐败在各种社会中都会产生，一边是有权有势的权力阶层，可以有形无形地控制某一行业，另一边是农民和一般市民，相对贫困，中产阶级尚不能成为主流。中下阶层的生活水平虽然总体上在提高，但是要达到富裕的程度还相当困难。

改革开放 30 多年以来，全民生活水平得到提高，但中产阶级并未壮大。国家一方面在控制贫富差距，另一方面又在利用土地及土地经济和财政税收，达到逐步实现共同富裕。在这个过程中，一部分人先富起来，但社会阶层出现固化，社会阶层的流动更加困难。诚实的劳动者获取了应得的劳动果实，如出类拔萃的科研人员，得到国家给予的应有的补偿。人们的思想解放了，自由选择、追逐个人利益，但是我们也要强调社会主义核心价值观。我们面临着新一轮的教育、新一轮的转换。所以我们要开展党建教育，梳理社会秩序，消除 "文革" 的影响，建立起传统的优秀文化道德观念；要认真学习 "十八大" 精神，树立核心价值体系，进行全面的教育，在党的领导下，稳步实现科学的城镇化，向前行进。

中国的城镇化已形成自己的特色，政府领导下的市场经济在国家调控下，随着市场的发展而发展，不断地满足日益增长的社会需要。

我们面临着复杂多变的世界政治格局，面临着各地的种种自然灾害，面临着全球气候的变化及欧债危机的影响，只要全国人民在党的领导下同心同德，团结一致，奋力向前，一定能实现奔小康的梦想。路漫漫其修远兮，吾将上下而求索。

我国是发展中的大国，解放以来，特别是改革开放 30 多年来取得的成就令世人瞩目，但是我国仍面临人口众多、各地发展不平衡的局面。1958 年制定的户籍制度带来多种困惑，使城乡形成差别，农民享受不到城市市民的各种福利条件。1980 年中央提出的 "控制大城市的发展，发展中小城市"的发展方针，早已被突破。人们说"小控制小发展，大控制大发展"，这种现象在大城市甚为普遍。我们讲宜居，实际上仍有许多地方是不适合居住的。大城市面临汽车废气排放、交通严重拥堵、雾霾天气不断、受到风沙侵袭等困扰，大城市病怎样解决是一个大问题。在小城镇的发展中，环境问题日益突出，江南的城镇某个时期办企业，使水源污染一时难以改善，当时提出的"离土不离乡"是一个设想，现实说明，它是不可能实现的。我们寻求"宜居"，要科学、合理地疏导，逐步达到理想境地。

小城镇的研究还会继续下去，因为它涉及的面广量大。贫困乡村的人口占国家总人口的比重虽然缩小了，但仍占有相当的分量，农业仍然是我们的基本。小城镇的研究在以下几方面要得到继续加强：

（1）保持乡镇的特色。我国仍将有一部分人从事农业生产，随着农业生产机械化，也将有一部分人亦工亦农，因此我们要保持农业的功能，使之区别于城市。在信息社会，强势的城市文化会进一步向乡镇渗透，其影响力将会更大。但乡镇要保持自己的特色，发挥地方管理者、规划师和建筑师的作用，自主创新，充分利用地区的自然、地形、地貌及其传统风格，形成并提升乡镇特色，特色的保持可以避免乡镇面貌的千篇一律。

（2）开展农村环境的整治和保护工作。乡镇最大的优点是空气清新，天蓝云白，有山有水，这是大城市不可比的。因此要加强农村的环境保护意识，在农村使用清洁能源，进行垃圾、污水综合处理也是必要的。

（3）提高乡镇居民的文化素质。随着农民工人数的大量增加，留守儿童的队伍日渐庞大，成为一个突出的社会问题。如何提高留守儿童的文化水平，使他们有健康成长的条件是乡镇的重要工作。

（4）关注历史文化的保护。在祖国大地传统的村落中有许多优秀而美丽的民居建筑，如福建土楼、浙江民居、四川吊脚楼等等。我国少数民族的建筑尤其具有特色，要引起我们的重视。历史名镇、有特色的民居、古井、古树等都要纳入遗产保护的范围，乡镇要有专人负责保护历史文化遗存，定期进行检查。我们一方面要保护优秀的民居建筑遗产，另一方面要从传统民居建筑中汲取营养，进行创新。不管怎样就是要使农村仍有发展的空间，相信不久的将来我国的民居建筑一定会独具一格地屹立于东方建筑世界。

（5）加强基础设施和福利设施的建设。在规划中要综合考虑道路网、公共汽车及长途汽车停车站、加油站、高压线走廊、高铁通过线、快速干道通过线、一级公路、乡道县道、停车场、农田控制线及国防专用地等。同时要给予农民医保等相关保障，使幼有所教，老有所养。

（6）做好区域范围内防灾、减灾设施的规划和设计，重视防灾、减灾，使防灾、减灾设施达到完全可靠，保障人民的生活安全。

村落布局要合理，农民下田距离要适中，在条件成熟时可以兼并整合必要的村落。农村建筑的设计一定要科学合理，要有地区的建筑风格，将美丽的乡村建筑新风格呈现在人们面前，而不能使农村建筑千篇一律。农村要有优秀的建筑，同时要培养优秀的农村建筑师。民居也可以由农民或匠人自行修建，在农闲时可以有组织地进行，或由政府组织提供各种样板设计方案，给农民提供参考。

2.3 地区的现代的新农村
Regional Modern Towns and Villages

（一）

我国是一个发展中的大国，又是农业大国，目前仍有近一半人口在农村生活生存。建设新型的现代化农村，还有一段路要走，地区的现代的新农村建设是摆在我们面前的重大事业。

国家对"三农"问题十分重视，近十年来在每年开年的第一号文件中都提到农业问题，这是政策性的要求，也是指导全国人民和农业建设总的要求。现在，农民已减免了赋税，得到相应的福利保障，而农村交通大体便捷，县县通公路，大大扶植了农业的发展。

我国农村走过了漫长而曲折的道路。解放后，农村进行土地改革，调整为互助组模式，走公有化、集体化的道路。这条道路是进步的，但1958年的"大跃进"、"人民公社"运动形成一种急于求成的思想，试图加快农业发展，而后发生自然灾害，吃大锅饭，什么"楼上楼下，电灯电话"的共产主义思想，现在一些年长的人都还能记得当年的情景。1978年安徽小岗村18户农民搞单干，走适合自己的生产方式的道路，在全国产生了大的影响，这在当时是一种适合于现代农村要求的集体生产模式。

我曾在1964年上半年参加了泰兴市面上"四清"工作队的工作。半年多的下乡经历及之后多次的农村调研使我对农村有了很多认识。

（1）政策决定一切，符合农民生产实际的政策和组织体制是保证农业发展的关键。我国农业地区面广量大，因此在中央政策下如何施行各地区的相应政策是根本，有了政策的保证才能提高农民的积极性和农业的生产水平，发展生产。为走上现代农业的道路，各地区要根据人口密度、富裕程度制定不同的措施。种子、播种、收割、保管、销售、分配、管理、承包、水利等都是农业所要关注的。

改革开放以来，我国的经济实力有了很大的提高，GDP总量位居世界第二，超过了日本。农业综合生产能力得到提高，虽然每年自然灾害频发，但是粮食生产还是连年增长，这都与政策、综合设施的提升有密切的关系。地区逐步下放土地管理权，更促进了农业生产发展的生机。

（2）人口的流动、土地的流转、农业的机械化组织，加上基础设施的增强使村镇发生很大的变化，村镇管理的民主化更得到进一步的提升。但是总体上我国村镇发展不平衡性大、差异大，富裕地区与贫困地区仍有很大的差距。一些大型建设，如大型水利的兴修，导致大量农业人口迁移、摆动，不仅对农业产生影响，而且还使地区环境气候在一定程度上产生了变化。

（3）农民说：要致富，先修路，修路通向乡镇、县镇和城市；农民又说：遥田不富，吃饭跑路。东北平原上，几百公顷的农田由农业大户承包，这使生产力大大提高。农业的人口转移、城市近郊的土地转化、体制变更仍处在动态进行中，发展农业机械化和城市近郊的二三产势在必行。

（4）现在的村镇建设还面临更新再生的任务。为了节约土地，可以让农民建楼房，留出更多的宅地用于堆放、晾晒收割的粮食，而底层房屋可以架空，供储藏工具、停车之用。

根据十八大精神，推进城乡发展一体化，解决好农业、农村、农民问题是全党工作的重中之重。城乡发展一体化是解决"三农"问题的根本途径。增加农村发展活力，逐步缩小城乡差距，促进城乡共同繁荣就是要坚持城市反哺农业，加大强农、惠农、富农政策力度，让广大农民参与现代化进程，共同分享现代化成果。

要十分注意土地的干枯问题，有机地利用好水源，避免河水的污染，可使沿道农村有良好的用水，再有科学地处理垃圾也是十分必要的。

农村的福利设施和保障系统是乡镇政府的重要工作，要使农民老有所养和幼有所依，并合理组织各种相关设施，改善农民的生产生活条件。

我们关注各地区的农民生活，特别是贫困地区，要坚持完善农村基本经营制度和宅基地使用权、集体收益分配权。要发展农民专业合作和股份合作经济组织，培育新型经营实体，发展多种规模经营模式，构建集约化、专业化、组织化、社会化相结合的新型农业组织和农业经济体系。要改革乡镇管理体系，努力提高农民的收入，维系农民的生活保障，提高农民在土地增值收益中获得的分配比例。为更有利于城乡发展一体化体制的构建，做好农村规划、乡镇规划是很重要的，要鼓励规划先行。城市建筑师、规划师要参与和协助做好规划，逐步提高农民的居住水平，使城乡平等交换，公共

资源平衡配置，以工促农，工农结合，形成一种新型的城乡关系。

在户籍上依据中央精神，先从乡镇开始，然后中小城市开放让农民进户。大城市、特大城市仍然要控制，特别是特大城市。

提高农民的文化素质也是一项艰巨任务，从某种意义上讲，提高全体农民的文化素质是发展的关键，我们要做长期的努力。

（5）乡村文化是社会文明中的一个重要环节。

著名社会学家费孝通在他所著的《乡土中国》中描述了旧中国乡土社会的状况，他把农民生动地描写出来。农民依靠土地为生，不管一切社会变化或天灾人祸，世世代代的农民都将土地作为命根子。靠农业来谋生的人是附在土地上的，一代代地下去，这也是乡土社会的特征之一。当人口繁殖填满了土地，就会流动到另一个地方，在那里以土地为生。乡土社会的生活是富于地方性的。

在乡土长大的农民接受的是直接的教育，接触的是农作物中的自然，而城里人看到的是书本，接触到的是文字。农民和城里人的知识结构是不同的。乡下的孩子在土地上成长起来，"face to face"地与自然交流，在传递信息方面有自己的方式，现在用的文字只不过是信息传播的一种方式。语言用声音来表达，乡村社团除有共同的语言外，还用特殊的"行话"来传递信息，这是特殊语言，是文字下乡与乡村语

言的结合。

费孝通对于中国农村社会结构提出"差序格局"的概念，即"每一家以自己的地位作为中心，周围划出一个圈子，这个圈子的大小要依着中心势力的厚薄而定"。中国社会的亲缘关系，也以自我为中心。亲属关系、血缘关系，以致街坊邻里，都有一个范围，其大小由势力大小决定，这种关系就像石子投入水中一样以"己"为中心波浪形地向外推，越远关系越疏。当这个中心垮了，一切会消散。差序格局是以私人联系所构成的网络，从另一角度看它又是一个团体和集体的格局。

差序格局下形成不同的道德观念，道德观念是社会生活中人们自觉遵守的行为规范。道德是对个人行为的制裁力，历史的道德观念建立在私有制基础上，包含一种公私兼顾的利益在内。这也是差序格局。

在中国，家庭是农村最基本的群组，大多数家族聚居在一起，欧洲国家则以一家一户为基本单位，邻居相隔一定的距离。家族聚居形成了今天很多的自然村，或者多个这样的乡土社区单位形成了村落。孩子在村落中长大，与土地有机地结合在一起。每个家族像一个部落，且有族姓。像《红楼梦》描述的一样，大观园中有家长、长老，有大的祠堂与次要的祠堂，是为望族。

旧社会以礼法秩序为主导，"人治"和"法治"是维系社会的力，封建社会中的家法也是一种秩序。乡土社会实际上是礼制社会，礼制表面上看像不为规律拘束，是一种天意，是为克己复礼，实际上以"己"为中心。维系血缘、地缘关系的主要执法者是最有威望的族人，有一种长老的权力。乡土社会是一种传统的积累。

新民主主义革命，土地改革，打破了这种格局，提高了农民的积极性。怎样组织始终是我们要研究的。新型城镇化，农民进城造就了千百农民和农村的变革。

农村传统社会结构造就了众多优秀的传统村落，现在已查清遗留下来的有1500多个。这些优秀村落是中国建筑及群落中灿烂的一支，它们关系着新农村的建筑风格。农村不能像城市那样千篇一律，而是要寻求地区风格，使之具有地区的现代性和新风貌。我国是一个多民族的国家，有以汉民族为主体的56个民族；我国幅员辽阔，各地的气候和自然条件又大不相同。我们要从微差中找出地区特点，在材料、结构技术上寻求地区特色。我们讲"新"，什么是新？新不仅是世界的，更要有原生态、本土的要求。农村的建设就是要从地区的传统文化中吸取营养，进行保护与创新。

我们现在处于全球化的时代，尽管各国体制格局不同，但仍有许多共同的特点。中国是特色社会主义国家，既追求自己的文化传承，又要转化直至创新，面临着吸取精华、去除糟糠的重要任务。传统有可用的一面，也有许多不科学的地方，我们要用马列主义、毛泽东思想求真务实地、科学地、合理地、以人为本地、充分体现人的本性地去完成中国梦、强国梦、富民梦，我们更要有学习型、创新型致富、追求真理的态度。

我们还要看到城市的粗犷型工业曾一度转入农村，带来了一些发展，但给农村带来污染，城市的废气、废水也带给了农村。还有重金属污染带来部分人口的迁移，这种大迁移带来了后遗症，我们一定要修补并加强管理。

（二）

改革开放以来各地区的农村发生了巨大的变化，最大的变化是农民自身的变化，表现在自给自足的农业生产为基础的生产生活方式和观念被改变了。现在农民离开了农业生产的土地，逐步在城市中进行"二产""三产"的劳动，他们的身份由农民变成城市市民，也就是费孝通所说的由"乡下人"变为"城里人"。这是工业化与现代化结合的结果，是一种进步，是人的转化。无疑它对我国的政治、经济、文化生活产生了不可估计的影响。

农民身份的转化是改革开放后城镇化必然的趋势。农民的原劳动对象是农业，现转化为"二产""三产"。产业化中工业化是从农业社会转向工业社会的关键，农民从农业生产中走出来，求得一种民主主义的社会，这是一个漫长的过程。

我们参加了安徽小岗村纪念馆的设计（图2-3-1，图2-3-2），当年18户农民签字画押，冲破集体的束缚搞单干，

图 2-3-1　安徽小岗村纪念馆外景
Figure 2-3-1　Outdoor scene of Anhui Xiaogang village memorial hall

图 2-3-2　安徽小岗村纪念馆室内
Figure 2-3-2　Interior space of Anhui Xiaogang memorial hall

为农业发展开辟了思路。

　　农村中最最基本的住区是为自然村，其形成的原因主要是过去与农作物距离有关。农民歌谣有"遥田不富，吃饭跑路"，其意就是农民上下田要吃饭上路，远处的田不会富有，因为农民把时间都花在走路上。所以自然村的规模不大，甚至小到几户人家，特别是穷山僻野的山区更是人群稀落。

　　自然村的村落孕育着原生态的建筑文化，是一种生态文明，山地的、平原的、丘陵的、傍河的自然村落风貌各异。自然村落中最基本的基础设施是道路和河道，因而建筑依路而建、依水而建是很普遍的现象，江南水乡、小桥流水人家就是依水而建的典范。

　　我国农村民居类型多种多样，各地区都有自己的风格。除西部的窑洞、用土坯挖出的住宅外，大多是木构架的。在我国的国土上，从南到北、从东到西都有许多的三开间加坡的住宅，其边上的单坡空间作为养羊、养猪用房。建筑以木构架支撑，所以其空间可以自由地隔断，它比夯实的土墙的组合要灵活。

　　传统民居，它们的原生态，它们的简朴、自然，它们的美学本质感染着我们，它们是现代"新"的美的表现。

　　乡镇的群落在我国东南西北都有，但在现代发展中常常被忽视，应引起大家的关注。再有一些城市转型，如转成旅游城市，在设计和实施中做了许多"假"的仿古建筑，这些是"假古董"，而不是所谓的"文艺复兴"。我们要探求的是一种地区的现代的有中国特色的新建筑。

　　乡村和乡镇经济是我们需要十分重视的问题。费孝通开辟了近代农村文明社区研究的先河，他年轻时的博士论文《江村经济》和著作《乡土中国》曾影响学术界。1980 年代他又开始研究江南城镇问题，著写了文章《小城

镇 大问题》《小城镇 再探索》等。距今又有 30 多年过去了，这 30 多年来，国家发生了大的变化，许多意想不到的事都已实现。十八大总结了这些经验，并提出了今后"两个一百年"的理想。我们依然要关注这些基本要素。

城镇化是人的转化、转移和人的素质的提高，也可以说是土地的转化。发展要扩展土地，因此大城市和中小城市就近的农民可以得到土地转让的补贴，获得租房、购房的优惠，这样城中村的二元结构就变成一元结构。农业用地成为城市的可用地，进城后的农民工转变成为城市的劳动者需要有一个过程。一个是人的转化，再一个是地的转化，这才是一个完整的城市化过程。

城市化还要求产业的工业化要得到不断的提升，从粗放型走向集约型，有高、中、低技术层次的工业化有时也是同时并行的。城市化与信息化是时代的反映，城市化是物质和精神的结合，信息化是科技发展的结果。科技的推进使城市信息很快得到传播，城市的建筑、服装、家具风格等等都会影响到农村。现代的方盒子样式的乡村小车站，处在传统的普通民居包围中，这是很常见的，就像是一张渲染图：现代的融入传统的。而城镇则是在相反地渲染，从现代走向传统，城市中的杂乱是新陈代谢的结果。

地区的现代新农村建设归结起有下述几个要点：

首先新型城镇化是个契机，是个动力，它是提高城乡发展的必经之路，它是现象，我们看到了大批农民进城，提高国营，民营，小型企业的生产力，生产发展了，二产，三产在总的比重中加强了。工农民进城他们由不熟练到熟练工人的转变，这是人的一大变化，城市内的基础设施，福利设施需要改善和提高。许多城中村从二元结构到统一管理。这又是一大进步。我们的城市建设从改造、更新到再生，总的来讲也提高了农民收入，而且增加及提升了城乡的活力。

其次，提高农民的素质的提高是摆在我们面前的重要任务，也是提高全民政治、文化、科技发展的有机部分。

城市融合，城乡一体是我们追求的目标。城市辅助农业是必由之路，我们要达到小康社会两个一百年的目标也由此而起，创造有中国特色的社会主义，也由此而生，最终达到可持续的发展．

广大农村有许多自然的环境。为了发展农业生产，有合并、保留、更新的可能。发展是硬道理，我们管理、组织、控制和保护也是硬道理。我们要在对比矛盾中前进，相互促进。

乡村建设离不开管理及其机制改革及建设。政策决定了乡镇干部有着重要的决定权力，所以要做好科学的决策。新型的乡镇干部可以从优秀的大学生中产生，也可以由优秀的农村干部来传、帮、带。要切实地规划和管理好广大的农村建设发展。

农村中的孤寡老人，留守儿童是我们最为关心的问题，我们要使他们老有所养，幼有所托，使新农民后继有人。县镇规划、乡镇规划要有好的设计和不断地提升的发展空间。要防止城市的空气污染、水污染、三废污染进入农村。

农民要有优良的水喝，有必要的燃料，并使之可持续发展。农村的中、小学校舍之间要保持有相应的距离，通电、通水，达到标准的要求。要使农村中村村有公路，村村有相应的公共交通，便于城乡交流及城乡的一体化发展。

使城市文化迅速的下乡，促进乡村文化建设。

农村自身的垃圾的处理也需要必要的管理，以改善农村的卫生环境。

我们要建设地区的现代的新农村建筑。地区的现代的新农村建筑设计风格也在不断地传承，转化，创新。创新是我们要逐步达到的目标。

我们要硬性地保护我们的农耕用地，保障农业生产，不仅管理，还要有强制的法律制度。

在全球气候变化的条件下，我们要把握好生态环境活动中的各个环节、饮食文化、精神文化，极大地提高农村的文化科技水平。

建设好农村中粮食的仓储保管基地，要有监控设施和责任管理保障体系。

十八大以来，我们有党中央正确的领导，有富国之梦，我们更要提高三农水平，逐步减少城乡生活水平的差距，我们想这个梦一定能实现。一个具中国特色的地区的现代的新农村一定会全面实现。

3　新型城镇化与新农村探索

Exploration to New Type of Urbanization and New Rural Areas

3.1 勇于实践
Courage to Practice

建筑和规划设计需要创新，因为没有创新，我们的城市和乡镇就得不到改善、更新和再生。只有不断地实践才能了解城市和乡村的实际情况，不断地实践就是要不断从新的起点求得进步。

老一辈建筑师们十分重视实践，不仅是为了满足业主的要求，而且是职业精神所在。所谓 business heart，即为一种职业的道德规范，是一种价值体系。杨廷宝老师非常重视实践工作，他一生做过上百个工程设计，且经常下工地，他临终前的三个月还在工地上监察。当时工程任务少，他对我们说，在没有工程做时，参加一些工程讨论也是有益的，即使只设计一个厕所，也是不容易的。时间过去了 20 多年，他的行动和话语仍对我们有所启迪。那时他带我们参观中山陵的音乐台，教我们在施工时怎样用假石，他说：这看上去是石砌的，但实际上是混凝土，在初凝时匠人用斧凿石，达到了预期效果。之后，我在东南大学榴园宾馆设计高层的烽火墙面时使用干刷石，取得很好的效果。这样的实例还有很多。在实践中，我们可以创造性地研究材料在施工中的问题，获取它的质地、色彩和艺术效果。

我们做规划、做设计的目的是为人民服务，用自己的设计能力为具体的甲方和使用者服务，力求达到精益求精，这是要认真对待的。

我们讲建筑设计是指其全过程，从接受任务到签订合同、做方案设计，再到被甲方认可，重大项目还要得到相关政府的认同，然后做扩初设计、施工图，交付施工单位施工，最后直至交付甲方使用，交付使用后还要听取使用者的意见。工程中有诸多矛盾，工程之间的关系都是实践活动。过程是实践，通过一次次的实践，就能获得经验，得到大家的评赏，进而认识到其好坏，某种意义上实践是唯一的检验标准。在实践中可以不断总结经验，也可以不断积累设计的相关知识。我们不能停留在原地，而要有创新和创新思想。

事物在发展，特别在当前科技快速发展时代，从观念到方法都有很大的改变。计算机和数字技术更使建筑和规划设计科学化，达到完善的量化，涵盖从建筑单体到建筑群，从建筑群到城市，再由城市到区域的各个方面。

随着事物的发展和结构材料的创新，建筑造型也发生变化，从线形向非线形转变。当前，我国的建筑仍以线形为主，个别公共建筑，如体育馆、影剧院的外形采用了非线形设计。但建筑的内部功能，即空间组合仍要合理组织，讲究秩序。这一切都带来了建筑空间组合的变化，使建筑从构图（Composition）走向构型（Configuration）。其中许多内涵是相似的，其差异性只不过是一种认识的提升。非线性设计与传统上讲的比例和尺度、陪衬和平衡、对称和非对称、节奏和韵律、整体和微差等等，总体上都是以适用、坚固和美观为原则。

在这些原则下，实践是关键，实践是检验设计水平的标准。因为建筑设计和规划是实践型的科学，而不是纯粹的理论。我们可以从多次实践和创作中取得有益的经验和教训，在往后的工程中进行修正。

建筑设计的全过程，包括下工地、下现场，了解施工状况，了解实施情况，这是艰辛的劳动，是智慧的结晶。我们从事这项工作，就要有这方面的勇气，要做到老、学到老。建筑设计是一门"老年"的科学，经验是在一步步的实践中丰富起来的。但随着时代的进步，有许多新鲜事物要我们去了解和吸收，不论是建筑内容，还是建筑方法，或是建筑材料、施工和手段都要有新的表现。应重视学习、再学习，我们的思维也要更新，所以说勇于创新，勇于实践是关键。我指导了许多学生，他们毕业后大多从事设计工作，也有在教学岗位任职的。在不同的实践岗位，有的学生一直在坚持，工作终身，为城市和人民创造了财富，这叫从一而终。当然有的学生知难而退，改变职业，也是正常现象。但不论如何，为人民服务的宗旨不会变。青年人要站出来，勇于实践，勇于承担各项设计任务。

至于规划和风景园林专业，我想探讨一下。规划和策划大多是一种宏观和中观的指导工作，我个人认为，规划虽然有指导性，但最好以建筑的实践知识做基础，有了实践基础，规划也就有了落脚点。城市设计也是一种设计，但要建立在建筑设计的基础上。建筑有红线、绿线和屋顶线，规划虽有要求，但它的基础是以建筑"细胞"为出发点。风景园林是植物配置与建筑相结合的专业，其中有的以园林为主，也有的以建筑为主，相互结合，互为配合，各有自己的"场"——人活动的"场"。一切建立在实践的基础上，建立在围合的空间之中。学习、工作都要勤奋，勤奋是成功之母，勤奋是推进事物前进的动力，是我们认识的来源。从某种意义上讲勇气是一种力量，我们要勇于实践。

在改革开放之初，邓小平同志讲"摸着石头过河"，就是说要勇于探索。至今我们有了"中国特色的社会主义道路"，这是一种探索和方向。

实践是永恒的，今天的实践是为了明天，明天的实践是为了后天。今天的实践可能创造明天的辉煌，这就要求我们不断地、持续地、完整地实践。人们说实践是检验真理的唯一标准，我们的设计创作也不例外，关键是勇于实践。

我们建筑师要到农村中去，参加那里的规划和设计，帮助农民，这也是一种实践。同时我们也有培养农村中的"赤脚建筑师"的义务。

3.2 乡镇调查
Village and Town Study

3.2.1 无锡市乡镇形态分析
Morphological Analysis on Village and Town of Wuxi City

　　笔者曾参加过无锡市杨市镇的规划设计，并出版了《江南水乡一个点》一书。由于苏南地区的经济发展、国家的政策的支持及周围大城市的影响，乡镇办起了企业工厂，一个时期形成了"苏南模式"，但那是粗放型的生产模式。随着经济的转型，这些企业有的转化发展，有的被关闭、并转，于是进入"后苏南模式"，实际仍是集体经济和民营企业，也有部分是国有企业，呈现了新的多元化的经济发展形势。随着科技的进步，农耕机械进入农村，产生有股份、有资金、有合理分配的农业生产方式，一些农业机械工人承包土地上的农业耕作，一些农村村落整合兼并，乡镇形态也因之发展变化。

　　以段进教授为主的团队 2013 年对无锡作了调查和分析，对无锡市乡镇区位、历史沿革、社会状况、城乡建设、人口素质、经济发展以及经济收入、乡镇建设的投入、基础设施及文化福利设施都作了统计和分析。研究中将村落的布置与自然环境相结合，并归纳后用图来表达和剖析的分析方法值得赞赏（表 3-2-1~ 表 3-2-3）。

本节内容由段进提供。

表 3-2-1　村庄的理水形式
Table 3-2-1　Village water forms
表格来源：段进，章国琴，薛松 .2012 无锡市乡村人居环境调查实录

村庄的理水形式					
种类	（a）村单侧平行于水系	（b）村被水系穿越	（c）村垂直于水系	（d）村夹水发展	（e）村、水交融
	村	村村	村	村	村
地域特征	村落单侧临水，沿水系延伸发展	村落中有河流穿越，村落分散布置于河两侧	村落垂直于水系发展，间或有港汊伸入村内	村庄两侧临水，发展受水系限制	村庄位于不连续的水塘之间，村、水相融
村庄名称	朱村、西仓、北庄、西伍、乾元、张阳、洛涧	西街、山泉村、澄渎、梅家渎、荷花寺、紫砂村	陈巷、古竹、钱家头	蒲市里	油车巷、后区里、南旸岐村

表 3-2-2　村庄的临路情况
Table 3-2-2　Village road situation
表格来源：段进，章国琴，薛松 .2012 无锡市乡村人居环境调查实录

村庄的临路形式			
种类	（a）村内有道路穿越	（b）村沿道路水平发展	（c）村垂直于道路发展	（d）村两侧临路发展
	村　道路　村	村　道路	村　道路	道路　村　路
地域特征	村落内有道路穿过，村落沿路延伸发展，道路两侧多发展为商业等功能空间，成为村落中心	村落沿道路水平发展，有多个村口与其相接，沿路发展商业空间	村落垂直于道路发展，一般有1~2个主要村入口与道路相连	村庄多侧与道路相连，交通极为方便，也容易因此导致村庄环境下降
村庄名称	洛涧、古竹、西街、荷花寺	山泉村、乾元、北庄、张阳	陈巷、钱家头、朱村、西仓、西伍、油车巷、梅家渎、澄渎、紫砂村、后区里、南旸岐村	蒲市里

表 3-2-3　村庄空间形态分析
Table 3-2-3　Village spatial form analysis
表格来源：段进，章国琴，薛松 .2012 无锡市乡村人居环境调查实录

村庄的空间形态					
	（a）带状空间形态		（b）团状长空间形态		（c）枝状空间形态
种类					
空间特征	由于受线性因素的制约，村庄随着地势狭长分布		村庄围绕道路或其他公共设施有秩序集聚成整体，彼此用地相连，空间形态呈集聚状		村庄结合地形地势散落布置，形成多中心的散落串珠状空间形态
小类	沿河带状发展	沿道路带状发展	网格形	扇形	鱼骨形	—
村庄	朱村、西仓、北庄、山泉村、澄渎村、乾元村、古竹村	南旸岐村、洛涧村	油车巷、金塔新村、后区里、蒲市里、西伍	陈巷、西街、钱家头	紫砂村、梅家渎村	张阳村、荷花寺村

研究团队阐述了村落外部形态的演变规律（图3-2-1，图3-2-2），提出传统农村的空间形态受到自然地形地貌及农田地块的外形影响，进一步指出，当代乡村空间形态的演变受到政策的重大影响，团队做出的调查研究是可贵的。不能忽视的是，现在发达地区城市化水平高，人们生活水平高，农村的各种形态受到城市的种种影响。我们创建新乡镇、新农村，需要在现有的基础上保持农村建筑的特点，进而进行创新。

(a) 蒲市里村总平面　(b) 澄渎村总平面　(c) 西仓村总平面

图 3-2-1　村庄总平面
Figure 3-2-1　Village master Plan
图片来源：段进，章国琴，薛松 .2012 无锡市乡村人居环境调查实录

(a) 建筑＋水系＋建筑　(b) 建筑＋道路＋水＋道路＋建筑　(c) 建筑＋道路＋水＋绿植区　(d) 建筑＋水＋道路＋建筑　(e) 建筑＋道路＋水＋绿植区

图 3-2-2　滨水空间断面形式图
Figure 3-2-2　Waterfront space section plan
图片来源：段进，章国琴，薛松 .2012 无锡市乡村人居环境调查实录

3.2.2 泰州市乡村人居环境调查
Rural Living Environment Study of Taizhou City

泰州乡村人居环境调查由东南大学建筑学院王建国教授团队负责完成，是 2012 年江苏省住建厅组织的全省各市乡村村落调研成果的一部分。

泰州古称海阳、海陵，素有"汉唐古郡，淮海名区"之美誉，是一个具有 2100 年历史的古城。1996 年，经国务院批准组建地级泰州市，下辖二区四市：海陵区、高港区以及靖江市、泰兴市、姜堰市、兴化市。泰州行政区域南北长 124 公里，东西宽 55 公里，泰州总面积 5819 平方公里，人口 504 万。通扬运河在中部偏南横贯东西，自然将地形分成北部里下河地区、中部平原地区、南部沿江地区三大块。泰州素有"银杏之乡"、"水产之乡"的美誉。

泰州是江苏省首批公布的省级历史文化名城，文物古迹众多，历史上先贤辈出，其中对中国产生重要历史影响的包括文学家施耐庵、扬州八怪之一郑板桥、地质学家丁文江、教育家吴贻芳、京剧表演艺术家梅兰芳等。同时，泰州也是南宋抗金、明代抗倭、黄桥决战、中国人民解放军海军诞生等重大历史事件的发生地。

调研选取了泰州一区四市二十个村落，基本反映了泰州乡村的实态。研究小组通过走访、录音、测绘、问卷调查等形式，基本摸清了乡村社会经济发展背景和人居环境现状，归纳总结了农民对其居住环境的认知和意愿，并对泰州乡村未来发展、环境整治和改善提出了相关建议（图 3-2-3 ～ 图 3-2-10）。

调研发现，泰州乡村聚落的建筑形式和空间格局较好地适应了当地气候条件和地理环境，因此具有一定的"在地性"特征。里下河地区水网密布，湖泊众多，农田则呈岛状浮在水中，形成垛田奇观，人们出行工作全靠舟船。因之村庄选址多逐水而居，不少村落还选址于河流交汇处的小岛上。如兴化大垛镇管阮村，整个村庄就坐落在一个被五条水道汇流交会的岛上。而南部的靖江因长江岸线周期性变化而建设起平行于长江水道的圩田鱼塘和条网状村落，中部的平原村落形态则为条块状布局，呈现出鲜明的因地制宜村落选址和布局的特征。

调研发现，泰州乡村民居特色独具，基本多为砖木结构，青砖黛瓦，硬山屋面，等级高的民居还有砖雕，特别是屋脊两端常有山尖翘起呈 45 度角，以镂空砖雕收尾。工艺较为精致，民间建筑典籍有专门的顺口溜表达当地民居建筑的特点。同时，村落民居与农业和自然环境也有关联，如逐水而居的乡村民居，再如结合银杏副业生产，如宣堡镇郭寨村不少民居住宅的门前屋后都种植有硕大的银杏，在村子里还建设了古银杏林和银杏公园，并成为当地的旅游景点。

泰州乡村的传统民俗活动也是形成"美丽乡村"的重要

本节内容由王建国提供。

载体，如赛龙舟、社戏、庙会等。每年一度的溱潼会船节影响力逐年提升，已不仅仅是泰州水乡人民的盛事，而且成为当地特色旅游对外宣传的重要"名片"。

总体看，当前泰州乡村发展仍然比较平稳而富有活力，包括种植、养殖、林业等在内的传统农业、现代高效农业以及特色工业仍然是村民基本的收入来源。村民大部分仍在居住地附近工作，且收入较高，生活稳定，没有出现很多发达地区农村已经出现的那种"空心化"。

调研借鉴国内外乡村研究和实践经验，根据泰州乡村空间形态和经济社会发展的实际状况，提出了针对"人、文、地、产、景"五大要素的技术研究方法，并取得初步成果。

当然，调研中也发现，全国性的"以城逼乡"的快速城镇化和工业化进程同样导致了泰州农业生产和乡村生活机能的日渐衰退，乡土社会内聚力也产生了不小的松动。其结果就是乡村建设的"同质化"、基础设施建设粗放、现代洋房和城市型住宅取代传统乡村民居建筑，乡镇企业的不当运营和规划布置导致自然水体遭到污染，乡土环境特色逐步丧失。

为此，课题组经过审慎研究和分析，提出泰州乡村环境整治和改善的五大建议，分别是基于地域环境特色的多样化人居环境整治、基于建筑历史文化价值的多样化建筑环境整治、基于特色产业发展的多样化村庄经济发展指导、基于基础设施提升的宜居化乡村人居环境提升和基于建筑性能提升的宜居化乡村居住环境提升。

上述成果已由江苏省住建厅组织的专家评审会验收通过，为泰州乡村人居环境建设和整治优化提供了重要的理论指导和技术支持。其中部分成果应用于湖北村整治工程实践并取得初步成功。

五河交汇

进村道路

省道 333

村庄区域环境分析图

图 3-2-3　管阮村村庄区域环境分析
Figure 3-2-3　Regional environment analysis of Guanruan village

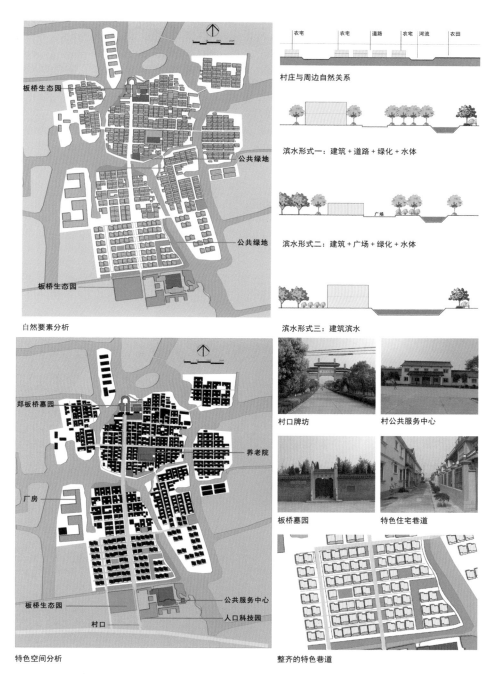

自然要素分析

村庄与周边自然关系

滨水形式一：建筑＋道路＋绿化＋水体

滨水形式二：建筑＋广场＋绿化＋水体

滨水形式三：建筑滨水

村口牌坊　　村公共服务中心

板桥墓园　　特色住宅巷道

特色空间分析

整齐的特色巷道

图 3-2-4　管阮村村庄空间特色要素分析
Figure 3-2-4　Spatial characteristic elements analysis of Guanruan village

典型民宅一

典型建筑要素分析

1　屋顶

　　传统双坡顶，檐口采用传统风格装饰，屋面采用传统灰色小瓦。

2　院门

　　院门为白色刷漆木门，高2.2米，宽1.2米，无门楼，表面采用白色涂料。

3　围墙

　　围墙为砖墙粉刷，局部采用砖砌花窗，高2.5米。

建筑平立面

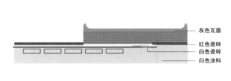

立面图

建筑面积	层数	建设年代	房屋结构	外墙形式	院落形式
159平方米	1层	80年代	砖混	贴砖	三合院

一层平面

典型民居二

典型建筑要素分析

1　屋顶

　　欧式坡屋顶，屋顶上架设太阳能，檐口采用线脚，屋面采用深红色彩釉复合瓦。

2　院门

　　院门为褐色木门，高2.2米，宽1.2米，顶部采用平屋顶，表面采用白色瓷砖贴面。

3　窗户

　　窗框采用姜黄色铝合金，玻璃为浅绿色玻璃，高0.4米，宽0.6米。

建筑平立面

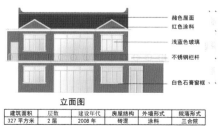

立面图

建筑面积	层数	建设年代	房屋结构	外墙形式	院落形式
327平方米	2层	2008年	砖混	涂料	三合院

一层平面　　　　　二层平面

图3-2-5　管阮村典型民宅分析
Figure 3-2-5　Typical residential houses analysis of Guanruan village

■ 1949 年以前建设区域

■ 1979-1989 年以前建设区域

■ 1989-1999 年以前建设区域

□ 2000 年以后建设区域

图 3-2-6　管阮村村庄演变示意
Figure 3-2-6　Development illustration of Guanruan village

进村道路

南部景观

东侧大河

图 3-2-7 双石村村域环境分析
Figure 3-2-7 Regional environment analysis of Shuangshi village

农田　河流　农宅　　农宅　河流　农田

村庄与周边自然关系

滨水形式一：建筑 + 道路 + 绿化 + 水体

滨水形式二：建筑 + 广场 + 绿化 + 水体

滨水形式三：建筑滨水

旧水车

村民休息廊

村民活动广场

临水景观带

特色空间分析

图 3-2-8　双石村村庄空间特色要素分析
Figure 3-2-8　Spatial Characteristic elements analysis of Shuangshi village

图例

	住宅建筑
	公共建筑
	生产建筑
	古建筑、文保设施
	市政建筑
	生产绿地
	单株绿化
	公共绿地
	水面
	道路
	铺装（广场街巷）

图 3-2-9　双石村村庄布局
Figure 3-2-9　Layout plan of Shuangshi village

特色保护区及彰显		
序号	保护内容	保护措施
1	整体格局	以道路和水系作为边界，在边界内发展
2	特色空间	桥	保护大大小小各具特色的桥
3		滨水空间	维持滨水空间的干净整洁
4		老庄台保护	老庄台很有特色也很破旧，需要及时的保护
5	特色建筑	村公所	保留村公所和公共活动场地
6		解放前老建筑	改善老建筑居住环境
7	特色设施	旧水车	保护水车小品作为村庄特色
8		旧石磨	保护石磨小品作为村庄特色

特色保护区及彰显		
序号	保护内容	保护措施
1	公共活动场地	村民活动空间	村民活动空间很有特色
2	绿化美化	公共绿地	村中公共绿地较少，滨水空间绿化较多
3		绿化	增加绿化层次，配置多种植物
4	建筑整治与改造	生产建筑	无生产建筑
5		公共建筑	保留村公所和村民活动空间
6		居住建筑	注意保护改造老庄台建筑
7	设施配套	市政设施	增加垃圾处理设施

图 3-2-10 双石村特色空间及环境改善提升建议
Figure 3-2-10 Improvement suggestions of featured space and environment of Shuangshi village

3.2.3　连云港乡村调查
Research on Lianyungang Village

连云港市乡村调查由南京林业大学张青萍教授主持设计和指导团队进行。连云港是江苏东北部的港口城市，因面向连岛，背倚云台山，又因连云港港口而得名。连云港是我国交通大动脉的节点，它的港口是资源集散地，是为苏北的大城市。

连云港市共有1440个行政村，5059个自然村，依据涵盖的地貌特征、城乡联系度多样的特点，本调查选定了20个调查点，其中平原占50%，山地占25%，滨海占25%。其特点有别于苏南模式（图3-2-11）。

总的来说连云港在江苏而言是经济相对滞后的地方，但拥有丰富的自然资源，本体生态优良。海洋、森林、湿地三大生态系统俱全，环境可塑性强。连云港属于温带湿润性季风海洋性气候，兼有暖温带和北亚热带气候特征，四季分明，温度适宜，光照充足，雨量适中。但它的矛盾是水资源较紧缺，使用水库供水，所以有较多的水库。连云港沿海是有优势的良港，为我国12个枢纽港口之一。全市有205公里海岸线，可建300个万吨以上和200个10吨级以上的码头。连云港又是全国48个重点旅游城市，江苏省3大旅游富集区之一，其文化丰富，孕育了《西游记》、《镜花缘》等名著。连云港经济总量占江苏省第12位，但增长幅度为江苏省第3位。

连云港古称海州，地处古文化的东端，开发历史悠久，

秦代已有县行政建制，唐宋发展为淮北盐业中心，由于经济发达，有淮口巨镇之誉。1961年10月1日更名为连云港市，1994年被国务院定为第一批对外开放城市。

由于被海浪冲击，连云港市的海岸线发生变化，也影响到所属村落的布局。

连云港各地农民的收入平均为每村731万元，调查的20个村落人均年收入为8434元，这与苏南地区相差甚远。

再来看这一地区的发展，城市化率由新中国成立初期的11.6%增长到现在的43.2%，空间上经历了一条融合—隔离—融合的变化。1949—1952年摆脱极度贫困；1953—1957年城乡二元结构初步形成，城乡居民基本生活得到保障；1958—1978年城乡之间形成了相互封闭、相互隔绝的城乡二元结构，城乡居民生活倒退；1979—1984年城乡二元结构松动，人民生活得以温饱；1985—2002年城乡关系巨变，改革中心从农村转移到城市；2003年以来城乡统筹发展。

经选择调查了赣榆县的三个村庄中的户籍人口与社会发展现状：最北的宋口村常住人口为1560人，户籍人口为1556人；沿海的西连岛村常住人口为3057人，户籍人口为2947人；高公岛村常住人口为1490人，而户籍人口为2947人，男女人口数量大体相当。

本节内容由张青萍提供。

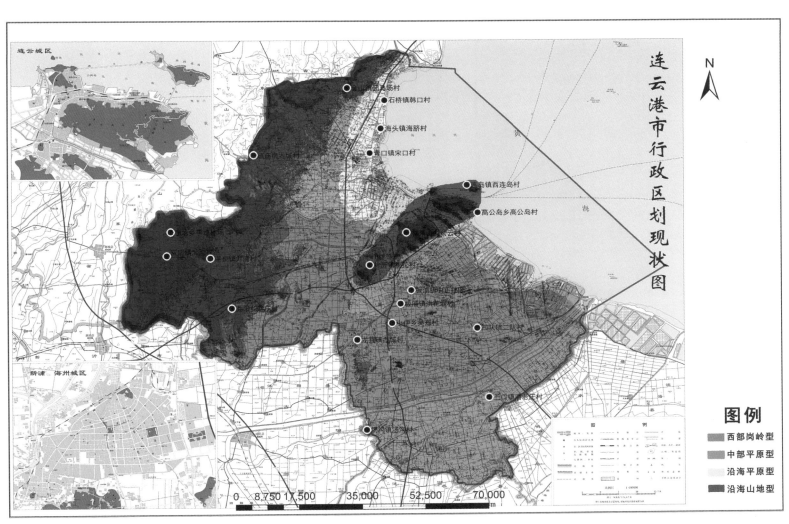

图 3-2-11　连云港市村庄类型区划图
Figure 3-2-11　Village type plot plan of Lianyungang

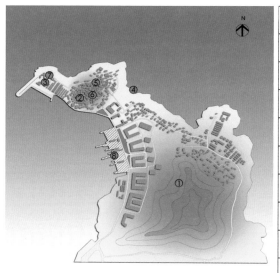

特色保护及彰显		
序号	保护内容	保护措施
1	整体格局	控制村庄南部发展
2	特色空间 坡道	保护建筑原貌，彰显山地建筑的特色
3	晒网场	清理地面，重整铺装
4	滨海空间	保持村域与海岸线的关系，不随意占用水面
5	气象站	增加大门、围墙的标示性
6	特色建筑 老村部	保护及修缮建筑及周边
7	老仓库	保护及修缮周边环境，可进行功能置换
8	特色场地 码头	清除周边乱堆乱放，对晾晒工具统一安置摆放地点，定期清理维护

至于环境整治情况，所选的三个村中：西连岛村在生活垃圾、污水处理、公共设施配套、活力提升、收入增加等方面都创造了一定条件（图3-2-12）；高公岛村生活污水问题没有得到解决，沟塘疏浚、绿化美化、村庄特色、活力提升均得到有效开展；宋口村相对比较齐备（图3-2-13）。抽样只是其一，总的发展还要看今后的努力。

虽然连云港的农村调研抽样少，但大体上代表了一般情况。总之，从乡村调查样本可见，提升基础设施水平，打造绿色植被，提高生活水平是最为紧要的，在县城中，提高生产水平则是关键。

人居环境改善		
序号	改善内容	改善措施
1	公共活动空间 村民活动空间	增加村民活动场地，对场地适当进行硬化、绿化，方便村民活动
2	绿化美化 公共绿地	使用本地树种进行绿化配置，多用乔木，少用灌木
3	绿化	沿路补植乔木，宅前屋后种植盆栽、花卉
4	建筑整治与改造 生产建筑	保留冷冻厂不变
5	公共建筑	保存原有的气象站，增加其围墙、大门的标示性
6	居住建筑	外立面出新，使建筑样式协调统一
7	设施配套 市政设施	完善污水收集，垃圾收运设施

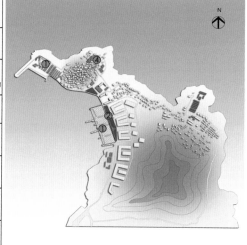

图 3-2-12　西连岛村改善建议图
Figure 3-2-12　Improvement suggestion map of Xiliandao village

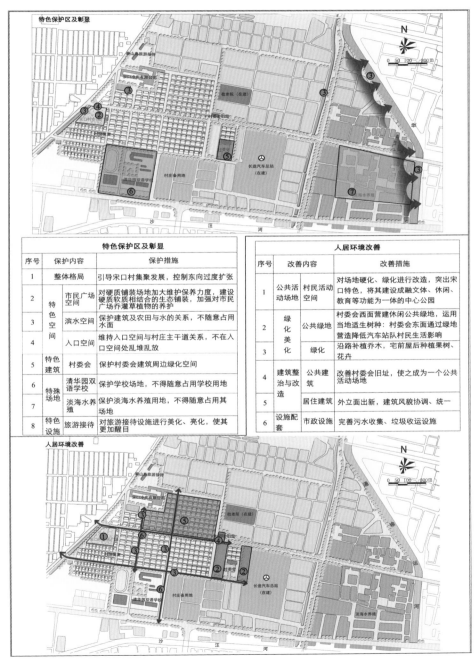

特色保护区及彰显		
序号	保护内容	保护措施
1	整体格局	引导宋口村集聚发展，控制东向过度扩张
2	特色空间　市民广场空间	对硬质铺装场地加大维护保养力度，建设硬质软质相结合的生态铺装，加强对市民广场乔灌草植物的养护
3	滨水空间	保护建筑及农田与水的关系，不随意占用水面
4	入口空间	维持入口空间与村庄主干道关系，不在入口空间处乱堆乱放
5	特色建筑　村委会	保护村委会建筑周边绿化空间
6	特殊场地　清华园双语学校	保护学校场地，不得随意占用学校用地
7	淡海水养殖	保护淡海水养殖用地，不得随意占用其场地
8	特色设施　旅游接待	对旅游接待设施进行美化、亮化，使其更加醒目

人居环境改善		
序号	改善内容	改善措施
1	公共活动场地　村民活动空间	对场地硬化、绿化进行改造，突出宋口特色，将其建设成融文体、休闲、教育等功能为一体的中心公园
2	绿化美化　公共绿地	村委会西面营建休闲公共绿地，运用当地适生树种；村委会东面通过绿地营造降低汽车站队村民生活影响
3	绿化	沿路补植乔木，宅前屋后种植果树、花卉
4	建筑整治与改造　公共建筑	改善村委会旧址，使之成为一个公共活动场地
5	居住建筑	外立面出新，建筑风貌协调、统一
6	设施配套　市政设施	完善污水收集、垃圾收运设施

图 3-2-13　宋口村改善建议图
Figure 3-2-13　Improvement suggestion map of Songkou village

3.2.4 广州市"美丽乡村"示范村
Demonstration of "Beautiful Village" in Guangzhou

广州市第十次党代会作出决策部署，全面实施新型城市化发展战略，建设"美丽乡村"全力促进城乡统筹发展，并以规划引领城市带动农村，引导城市资源向农村延伸。广州市规划局共选定 26 个"美丽乡村"示范村，包括 14 个市级、4 个区级、4 个镇级美丽乡村创建试点村，实施计划详细、具体、明确（图 3-2-14）。

1）广州市萝岗区莲塘村（图 3-2-15）

莲塘村域面积 6.59 平方公里，村庄占地 240 亩，户籍人口 2340 人，村集体收入 3.6 万元，村民人均年收入 3000 元，列入广东省省级保护的历史文化名村和特色旅游名村。该村始建于南宋端宗景炎年间（1276—1278 年），保留古村长 180 米、宽 90 米。地形地貌背山面水，村口有百年老榕树。全村现存五条古巷，地面用花岗石板铺砌，各巷口建有门楼，楼檐下有灰塑图画，正中石匾刻有巷名，村内房屋分 6 排，每排分别有 4 ~ 9 座，每座都是五龙过脊。古村建筑多为明清风格。由于村落发展，村民多迁至新居，古村内已少有人住，西向村落已无人居住，这是当今保护古村落存在的矛盾。

2）广州市荔湾区聚龙村

聚龙村形成于清代，兴建于光绪初年，现在村民人均年收入为 55000 元。村落建筑排列有序，整齐划一，是一处近乎方正的建筑群，东西最长的地段长为 117 米，南北长为 63 米，建筑群大体保存下来，村落与省城交通联系方便。虽然部分聚龙村的建筑已有损坏，但现存 19 幢民居尚保存完好，村落道路铺设整齐，修建的小广场整洁美丽。

聚龙村地民俗文化丰富。在科举时代，当地家族多有子弟中举。为了

本节内容由张振辉提供。

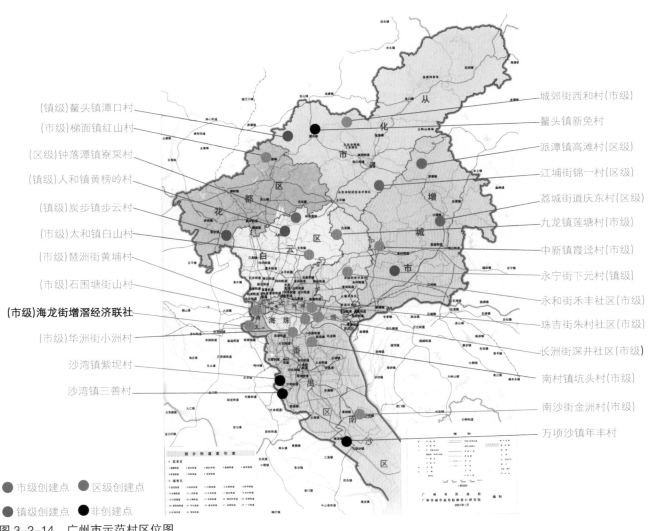

(镇级)鳌头镇潭口村

(市级)梯面镇红山村

(区级)钟落潭镇寮采村

(镇级)人和镇黄榜岭村

(镇级)炭步镇步云村

(市级)太和镇白山村

(市级)琶洲街黄埔村

(市级)石围塘街山村

(市级)海龙街增滘经济联社

(市级)华洲街小洲村

沙湾镇紫坭村

沙湾镇三善村

城郊街西和村(市级)

鳌头镇新兔村

派潭镇高滩村(区级)

江埔街锦一村(区级)

荔城街道庆东村(区级)

九龙镇莲塘村(市级)

中新镇霞迳村(市级)

永宁街下元村(镇级)

永和街禾丰社区(市级)

珠吉街朱村社区(市级)

长洲街深井社区(市级)

南村镇坑头村(市级)

南沙街金洲村(市级)

万顷沙镇年丰村

● 市级创建点　● 区级创建点

● 镇级创建点　● 非创建点

图 3-2-14　广州市示范村区位图
Figure 3-2-14　Location map of Guangzhou demonstration village

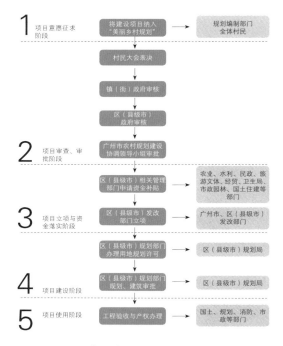

图 3-2-15 配套设施建设实施落地途径指引图
Figure 3-2-15 Implementation approach diagram of the construction of supporting facilities

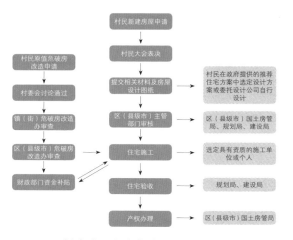

3-2-16 村庄建设实施落地途径指引图
Figure 3-2-16 Implementation approach diagram of village construction

光宗耀祖，同时也为了奖励高中的子弟和激发后进，村民约定凡有学子中举，荣归时乘坐彩船，从珠江进入大冲口涌，穿过毓灵桥，受村人夹岸欢迎，称为"跃龙门"。当时由于资金短缺，没有设立祠堂，在村前广场上设立牌坊，牌坊下设一"设坛"，每逢节日，亲族来此大摆筵席，以示庆祝。

该村于 1889 年统一建成，有私塾、广场、牌坊。解放后，私塾被占用，建有小学校，特别整齐。

3）广州市番禺区三善村（图 3-2-16）

该村是行政村，属于沙湾镇。现存建筑为清代民居，村域面积 3.1 平方公里。村庄占地 443.34 亩，户籍人口 2878 人，常住人口 3240 人，均为汉族。三善村位于沙湾的西南，初为紫坭村旁的一个居民点，后逐渐扩大成福善里、德善里、乐善里，独立成村。因三个里均有"善"字，便取名三善村。村中古建筑不少，其中鳌山下为古庙群，并以明代观音庙为中心和主体。三善村有三大树种，古树以樟树、榕树和红棉为主。众多的庙宇形式各异，是为奇观，丰富的装饰、石雕也丰富了建筑的艺术性质。

4）广州市荔湾区增滘经济联社（图 3-2-17）

增滘经济联社位于有"千年花乡"美誉的广州市荔湾西部芳村地区，距离广州、佛山中心城区均在 12 公里以内，是联系广州、佛山的城市门户之一。增滘经济联社村域面积 257.73 公顷，其中村集体土地面积 115.11 公顷，包括村建设用地、村农林用地及其他未利用地。增滘经济联社 2011 年总人口 6832 人，2276 户。其中村民户籍人口 6299 人，2099 户；本地城市居民户籍人口 533 人，177 户。2010 年村集体经济总收入达到 8632 万元，人均 13704 元（按村民户籍人口计算），基本达到广州市平均水平（14818 元）。

针对增滘经济联社现状存在的荷塘、大和涌水质较差、污泥淤积、景观环境品质不高、缺乏公共绿地等环境问题，缺乏文化站、无害化公厕、宣传报刊橱窗等设施问题，及村集体经济实力不强的问题，规划从设施完善、环境整治、经济发展3个方面安排21个建设项目（其中18个项目在2013年实施），包括：大和涌两岸村道及休闲绿道建设工程、村路灯光亮化工程、截污工程、增加垃圾分类收集点、清理卫生死角、三线规整6项"七化工程"（供水普及化已实现）；侨联谊会改造为文化站、新建1处户外休闲文体活动广场、建设1处宣传报刊橱窗、改造1处无害化公厕4项"五个一"工程（公共服务站已完成）；荷塘公园、大和涌、增滘涌、重点建筑外立面整饰、荷塘街巷、乡土文化建筑建设、改造2处公交站点、生态停车场等8项环境综合整治项目；发展花卉博览园旅游项目、综合体育商城、以商业办公旅游服务功能为主的商业综合体等3项集体经济项目（远期）（表3-2-4）。

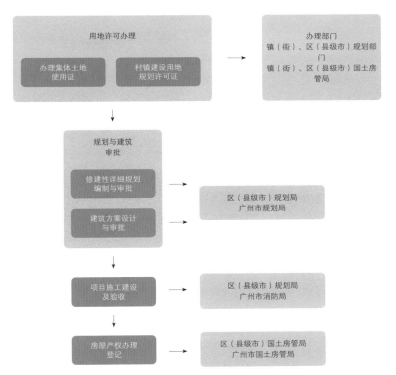

图3-2-17 经济发展项目实施落地途径指引图
Figure 3-2-17 Implementation approach diagram of economic development project

表 3-2-4　增滘经济联社建设项目一览表
Table 3-2-4　Constraction projects of Zengjiao economic association

项目分类	序号	项目类型	项目名称	项目内容	项目规模	项目位置	投资概算（万元）	资金来源	建设时间	市直对口部门
符合土规城规2013年能实施项目	1	公共基础设施"七化工程" 道路通达无阻化	大和涌两岸村道、休闲绿道建设工程	道路升级改造	约500米	大和涌两侧	200	市、区财政	2013年	市建委
	2	农村路灯光亮化	村路灯光亮化工程	路灯升级改造	约1000米	大和涌两侧	50	市、区财政	2013年	市路灯所
	3	供水普及化	—	—	—	—	—	—	已完成	—
	4	生活排污无害化	截污工程	对大和涌、增滘涌两岸部分未截污的渠道铺设排污管	约500米	大和涌、增滘涌两岸	10	市、区财政	2013年	市水务局
	5	垃圾处理规范化	增加垃圾分类收集点	增加垃圾分类收集点	3处	增滘涌两岸及荷塘公园	10	市、区财政	2013年	市城管委
	6	卫生死角整洁化	清理卫生死角及添置垃圾收集设施、环卫设施	清理卫生死角及添置垃圾收集设施、环卫设施	清理面积10万平方米	增滘涌、大和涌两岸及增滘东约、南约居民区	30	市、区财政	2013年	市城管委
	7	通讯影视光网化	三线规整	三线梳理及光缆改造	约500米	大和涌两侧	30	市、区财政	2013年	市文化局
	8	公共服务设施"五个一"工程	公共服务站	—	—	增滘经济联社村委楼内	—	—	已完成	—
	9		文化站	主要为房屋检修和改造、展厅布置建设改造、环境绿化美化改造、水电改造建设、茶艺室、书画创作室等工程	建筑面积350平方米	大和涌东侧	100	市、区财政	2013年	市文化局
	10		户外休闲文体活动广场	建设一处集会广场，增加健身器材	用地面积1000平方米	增滘涌西侧	54	市、区财政	2013年	市体育局
	11		宣传报刊橱窗	文化站配套设施建设	10平方米	荷塘公园西侧	1	市、区财政	2013年	市文化局
	12		无害化公厕	原公厕无害化改造	建筑面积40平方米	荷塘西南侧	10	市、区财政	2013年	市城管委
	13	环境综合整治	荷塘公园及公共配套设施建设	主要为水利设施、池塘整治、道路改造、绿化树木种植、观赏植物休闲长廊、观景平台、凉亭	4600平方米	大和涌东侧	275	市、区财政	2013年	市水务局
	14		大和涌整治	主要为水利设施、河道整治、一河两岸环境整治、绿化提升	约500米	村委西侧至龙溪中路	200	市、区财政	2013年	市水务局
	15		增滘涌整治	主要为水利设施、河道整治、一河两岸环境整治、绿化提升	约600米	武广高铁高架桥东侧	150	市、区财政	2013年	市水务局
	16		重点建筑外立面整饰	荷塘公园北侧、荷塘巷、大和涌两侧、增滘涌东侧沿线重点节点改造建设	3000平方米	重要节点建筑	100	市、区财政	2013年	市建委
	17		荷塘巷整治	将房前屋后及巷道进行硬底化，对立面进行绿化美化	240米	增滘涌和大和涌之间	50	市、区财政	2013年	市建委
	18		乡土文化建筑建设	康王古庙改造、牌坊修筑改造	建筑面积150平方米	增滘小学东侧	60	市、区财政	2013年	市建委
	19		改造两处公交站	候车亭建设、绿化升级	用地面积20平方米	增滘小学北侧、安南大街西侧	5	市、区财政	2013年	市交委
	20		生态停车场	平整场地、铺设水泥路面、铺设植草砖、种植绿化树木，新建值班室、围栏、排水设施	用地面积800平方米	龙溪中路南侧	20	市、区财政	2013年	市交委
			小计				1355			
2013年后实施项目	21	发展经济类	发展配套旅游休闲项目	—	—	广州花卉博览园	—	村自筹	远期	村委
	22		建设一处综合体育商城	用地面积2公顷，建筑面积3万平方米		芳村体育中心西北侧	—	村自筹	远期	村委
	23		建设一处商业综合体	用地面积5公顷，建筑面积20万平方米		增滘经济联社村委东侧	—	村自筹	远期	村委

3.2.5 湖南南部农村建筑调查
Research on Rural Buildings in Southern Hunan

1）江华县大圩镇

（1）江华县概况

江华瑶族自治县地处湖南省正南端，是永州市下辖县。江华县位于南岭北麓，潇水源头，地处湘、粤、桂三省（区）结合部，与"两广"的6个市县相邻。县城距南宁430公里，距长沙460公里，距广州370公里。全县总面积3248平方公里，辖22个乡镇，1个国有林场，519个村（居）委会，4个社区，总人口51万，其中瑶族人口34万，是全国瑶族人口最多、聚居最集中、湖南省唯一的瑶族自治县，被誉为"神州瑶都"。江华森林覆盖率达78.7%，有近5万亩的原始次森林，矿产资源十分丰富，现已探明的矿产有金、银、钨、锡、铜、铁、稀土等43种，其中以稀土储量最为丰富。

县境内地貌类型多样，山地、丘陵、盆地、平原、水域均有分布，总体格局是"八分半山半水半分田，还有半分道路和庄园"。

据县国土管理局1996年调查统计，全县土地面积3216.03平方公里。土地利用结构是：农用地27.71万公顷，占土地总面积的86.2%，其中：耕地25893.33公顷，占土地总面积的8.1%；园地2580公顷，占土地总面积0.8%；林地24.17万公顷，占土地总面积的75.2%；牧草地386.67公顷，占土地总面积的0.1%；水域6493.33公顷，占土地总面积的2%。建设用地8613.33公顷，占土地总面积的2.7%。未利用地35906.67公顷，占土地总面积的11.1%。人均耕地仅0.052公顷，特别是林区人均耕地不足0.03公顷。耕地后备资源十分有限。在未利用的土地中，可开发为耕地的只有400公顷。水田平均每公顷产粮食9750公斤，旱地平均每公顷产粮食1350公斤，而林地平均每公顷的社会总产值仅462元。

江华县是国家扶贫开发工作重点县。每年国家都向县划拨扶贫款，且逐年增加。2013年有2500万元，分至全县150个贫困村。前些年主要投入在道路、水电等基础设施方面，现在基本建好了，就用于帮农富农上面。江华县去年财政收入7亿元左右。

（2）大圩镇村镇建设情况

大圩镇主要以农业为主，没有什么工业。镇政府办公经费主要依靠上级财政拨款，不足部分自己想办法，前些年靠出售镇上土地有些收入，近年已经没有了。镇里有几个依靠土地流转而发展成的较大的农业企业，如蘑菇种植和果园，因税收很少，对镇级经济没有帮助，但因能提供就业岗位，可以造福农民，因此镇政府给予了大力支持。

大圩镇原有一条老街，用于附近村民在赶集日赶集，因街道窄，容量不够，镇政府从2001年起，另辟一块地作为

本节内容由陈小坚提供。

镇的主要街道，到 2003 年已建成 1 条长 1220 米、宽 30 米的主道，2 条长 800 米、宽 24 米的间道，1 个综合型农贸市场。在街道两边以 5 米 ×15 米的大小划分地块售出，盖底层为门面、上层为住宅的三层房屋。到 2008 年，所售全部卖完。当时地价 5 万 ~15 万元 / 块，现在售价 30 万元 / 块。卖地款除去征地补偿及税费等费用后，返还镇政府用于补贴行政开支的不足。目前已用完。

将集体耕地变为集体建设用地只需在县国土局办理变更手续就可以，但若改为国有土地则很难，还要交纳 6 万元 / 亩的费用。已变更的集体耕地均为旱地。

① 建设资金来源

镇政府这些年通过积极向上级多渠道申请财政指标支持，得到一些专项资金，主要用于交通水电等基础设施建设。由于农业银行只给大企业贷款，小额贷款不做，而农业商业银行贷款利息很高，年息 9%，且必须要有抵押，只有国有土地才可抵押，集体土地不能抵押，而无抵押贷款最高只能贷款 5 万，因此，资金问题是大圩镇建设的最大困难。该镇附近没有大的河流，因此缺水，故水田少，多为旱田。

② 大圩镇目前在建项目

高寒山区农民异地扶贫搬迁工程。江华县共有 50 个高寒山区自然村（图 3-2-18）。为全面解决高寒山区农民的生活困境，改善这部分贫困农民的生活条件，将居住在高寒山区的村民异地搬迁至交通便捷生活配套相对完善的城镇。根据江华县政府的要求，大圩镇政府结合大圩镇的小城镇开发，以政府引导、百姓自愿、实事求是、量力而行为指导思想，以保持原有村民林地和宅基地不变为原则实施搬迁。该项工程从今年初开始实施，涉及

图 3-2-18　大圩镇高寒山区
Figure 3-2-18　High and cold mountain area of Dayu town

15 个高寒山区自然村的村民。项目拟在宝镜村古建筑群附近，新辟 400 亩土地，集中规划 3 层高的 5 米 ×15 米宅基地自建房 230 户和 6 层楼高的每套 60 平方米的公租套房 324 套，努力打造成新农村示范点。远期计划结合古民居的保护性旅游开发，建设成为新的城镇中心，带动大圩镇的小城镇发展。该项目基础设施建设总投资预计 7000 万，采取政府支持一部分（国有土地出售）、扶贫专项资金解决一部分（80 万）、村民自筹一部分的办法。村民自筹的筹资标准为：宅基地 5 万元 / 户，公租房 2 万元 / 户。此外，选择宅基地建房的农民还需交纳建房成本 15 万元。

该项目属政策性很强的惠民工程，带有扶贫性质。此前一些有钱的山区住户都已自行在山下集镇买商品房了，现在还没搬下来的农户均为买不起房的农民。此项目正是为专门解决这部分农民的生活问题的。在购买了山下住房的同时，其原来所享受的山上林地承包权和山上的宅基地均维持不变，依然归其所有。这样就解决了农民靠林地生产生活的后顾之忧。

将通向山区的一条小路扩为能走一辆车的土路。大圩镇文明村有 10 多户住在海拔 800 米以上的高寒大山里。由于山里不通道路，山上只有一羊肠小道通向山下的集镇，长久以来山里的木材及村民日常生活必需品都靠人力搬运。为了改善山区村民的生活环境，更便于发展山区经济，使山里木材、水果等林产品方便快捷地运下山，镇政府决定将原有的羊肠小道扩为能走一辆货车的土路，计划用时 1 个半月，预算 16 万元。准备向上级财政申请专项资金 11 万，自筹 5 万元。该项目花钱不多，却极大地解决了山上 10 多户人家的生活出行问题，同时方便了山上的木材及果树等农产品顺利运下山，极大地降低了成本，有利于山区经济的发展，可谓一举多得，

图 3-2-19 　湖南江华宝镜古建群
Figure 3-2-19 　Hunan Jianghua Baojing ancient architectural complex

图 3-2-20　宝镜古建群精美石雕
Figure 3-2-20　Exquisite stone carving of Baojing ancient architectural complex

图 3-2-21　湖南江华宝镜古建群石雕柱础
Figure 3-2-21　Stone column base of Hunan Jianghua Baojing ancient architectural complex

图 3-2-22　在宝镜古建群内只有几户人家
Figure 3-2-22　A few families live in Baojing ancient architectural complex

政府和百姓都满意的项目。

宝镜村古建筑群保护。古村始建于清初。清顺治七年（1650 年），名士何应祺从道县沿秦汉时期开拓的潇贺古道溯水而上，走到这里见青山绿水环绕，松林古藤茂盛，是块风水宝地，便在此建宅定居，繁衍子孙。因村旁一股清泉从山中涌出，在村前田峒形成一井塘水，清澈如镜，得村名"宝镜"（图 3-2-19）。

何氏家族生息繁衍至今历 18 代，360 多年间这里走出无数名人逸士、高官显贵。清朝时曾有进士 6 人，职官 10 人。至今，从村前秧田中挺立的宝塔，村前大路旁"文武官员至此下马"的下马石碑，堂屋里悬挂的"积德延龄"、"厚德载福"、"望重古稀"等古牌匾，仍可以感受到昔日的荣耀与显赫。

整个宝镜古民居群布局坐东朝西，建筑风格类似于江南民居，占地 80 余亩，房屋 108 间。所有建筑耗时近 20 年，其中新屋的建设就耗时 9 年。走进宝镜老屋，房屋座座相通，房房相连，108 栋房屋浑然一体，晴不顶日，雨不具伞，空气通畅，冬暖夏凉。大院重楼叠室，青石铺地，整齐庄重；木雕门窗，彩绘壁画，随处可见，为典型的清代江南建筑格局。天井内寓意升官发财、连升三级九个银锭状石阶墩；随处可见形象惟妙惟肖、内容富贵吉祥、具备圆雕、浮雕及镂空多种手法的木雕和石雕。处处可见江华瑶山民间建筑艺术的精致与机巧。老屋内吊脚楼风格的民居，村口近百米长的两层楼房，下面九间马厩、上面十八间长工房的建筑结构，都体现出明显的瑶族建筑特色。瑶汉建筑艺术取长补短，在这里得到完美结合（图 3-2-20，图 3-2-21）。

2003 年，江华瑶族自治县人民政府公布宝镜古建筑群为县级文物保护单位。

现在古建筑群里还住着几户何家后代，但大部分房屋常年空置，堆放杂物，有的甚至在其内饲养家畜（图3-2-22，图3-2-23）。因无人照看，建筑年久失修，墙体部分开裂，木构件损坏严重，甚至经常有人来偷盗精美的木雕门窗和有石刻的柱础（图3-2-24）。建筑急需修缮保护。镇政府苦于无钱养护，只能听之任之，非常可惜。看着这么好的古建筑群如此落败让人很担心，一方面担心再不进行维护和管理，建筑将进一步被偷盗、损毁甚至倒塌，另一方面也担心镇政府一旦有钱维修，就会向中国很多城市对待古建筑的失败做法一样，将建筑中宝贵的历史痕迹（不仅有红军留下的痕迹，还有人民公社及"文化大革命"的痕迹，更有岁月冲刷和打磨的痕迹）统统抹刷掉，而成为粉饰一新、看不出任何年代和历史沧桑感的所谓修旧如旧却展示一新的古建筑群。其实，正是这些经历过风雨、岁月冲刷的和历代人使用所留下来的痕迹才弥足珍贵。

③ 村民生活状况

生活水平。农村已很少看到十几岁到五十几岁的人，这一年龄段的人不是在外学习就是在外打工。留在家的老人和孩子靠种点粮食和蔬菜基本能解决自己的生存问题，外出打工的亲人寄回的钱用于上学和购买日常生活必需品。

教育。大圩镇已有从幼儿园到初中较完善的教育机构。幼儿园属民办自费，费用约1730元/学期（含校车接送、午餐）；小学除偏远山村有1~3年级的办学点外，其余均在镇上，可寄宿也可走读，有校车接送。小学费用为一学期700元左右（含200元车费、300元中餐、200元杂费）；初中高中是在镇上的寄宿制学校，好的学生可考到县中。

图 3-2-23　宝镜古建群内养牲畜
Figure 3-2-23　Raising livestock in Baojing ancient architectural complex

图 3-2-24　宝镜古建群窗棂损坏山墙开裂
Figure 3-2-24　Broken window bar and cracking gable wall

初中费用为一学期 1000 多元（包括住宿、吃饭等）。镇上户口对上学没太大的吸引力。

生产及土地。从 1980 年代开始实行土地包产到户政策 30 年不变，故农户的土地与户基本不变，而不与户内人口数量相关。江华县属于耕地较少的县，基本上户均一亩多土地。湖南的地理气候条件可以种两季水稻，但因种粮赚的钱很少，农民积极性不高，种粮基本以自吃为主，多余的少量收成才卖。所以稻田一般只种一季粮食，另一季就改种玉米、红薯等杂粮或蔬菜，或者荒着，没有充分发挥耕地应有的种植效益。从事种植人员以 50 岁以上老人为主。土地流转种植基本发生在同村亲戚或朋友之间的相互借地种植，收成中的一部分给原土地承包户作为象征性的收成补偿，没有或很少有金钱等市场交易。

住房。农民外出打工积攒一定的资本后，一般都会选择新的宅基地盖房，而原有老屋也不舍弃。盖 200 平方米左右的住宅毛坯房成本约 16 万元，普通的外出打工夫妻约需积攒十年时间。而目前购买 7 米 × 15 米的宅基地约 30 万元。村里盖的房子大多是没有外装修的毛砖墙面，室内墙面也仅仅简易地抹了一层灰。总体上，农民自建房屋均较简陋。比较而言，大圩镇上的房屋要好些，均是下为店铺，上为住宅，迎路的一面均贴瓷砖（由于没有统一的设计要求，不同色彩不同样式的瓷砖外墙面生硬地拼贴在一起，非常杂乱无章）。

户口。现今城镇户口已不再对农民有吸引力，农民只要在县城或镇上买房，就可转为城镇户口，但若将城镇户口转回农村却非常困难。农民有钱在城镇购房就可享受到城镇较好的交通等基础设施，同时因未放弃农村户口还拥有农村土地和老房子，那既是他们赖以养老的家产，也是他们当做在城镇生活不下去的后路。以前有些农民为让孩子接受城镇良好的教育而迁户口，现在随着农村义务教育的普及及政府逐年对教育的投入，县城与村镇的教育差别在逐渐缩小，况且只要学习好，一样可以考上县重点中学。

2）湖南南部某县新农村建设情况

该县地处湖南省东南部、郴州市北陲，辖 14 镇 7 乡，总人口 67 万人，地域狭长，貌似蚕形，东西长 90 公里，南北宽 56 公里。全县土地总面积为 1979.4 平方公里，占湖南省土地总面积的 0.93%，东部多山，西部以丘陵为主，中部丘陵、平原间布，京广铁路、京珠高速公路、G107、S212 纵横境内。

该县以冶炼、烤烟、油茶、甜橙等经济为主，同时也是国家和省定粮食大县、电气化县以及丘岗开发重点县。

由于该县距离郴州只有约 40 分钟车程，距离较近，加之附近有工厂，故农村女性青壮年多在农村务农或在家里照看孩子，男性青壮年大多在离家不远的市区或县城打工，每日或每周末往返家里。该县 2012 年财政收入约 20 亿元。

该县从 2013 年开始搞新农村建设，正在搞产业转型，想通过基础设施建设改善环境，吸引产业和外出打工人员的回流。该县要求 4 个多月做完全县 364 个乡的规划，目前正在做 21 个重点乡镇的规划。

县里 2014 年 4 月份开始实施一线（省道）两镇三村的城乡统筹建设示范项目，共用了 2 个多月，耗资 2.8 亿元，于 6 月底完成。主要内容是美化（平改坡，粉白墙）、亮化（更换补充路灯）、黑化（水泥路变柏油路）、绿化等四化工程，建设了村委会建筑和一些小游园绿化，新增了污水处理设施。村里增设了合作医疗室和一些基层体育设施。资金来源主要通过财政（1000 万启动资金）、申请国家及省级项目资金（合作医疗、基层体育设施、危房加固改造等）及县里的融资平台。

通过实地察看，这种快速高效的新农村建设确有一些好处，但同时也存在一些问题和不足，主要分析如下：

（1）运动式的建设，高投入、高执行力、见效快

中国政府高度集权的特征决定了一呼百应式的工作作风。县政府及所有涉及的示范村镇政府人员加班加点，没有休息日，在两个多月的时间内，从开始计划到实施完成，充分体现了很强的执行力和极高的效率。原来脏乱差的村镇变成如今干净整齐的新农村形象（图 3-2-25，图 3-2-26）。

（2）垃圾分类，污水处理初见成效，还需深入完善

在垃圾处理方面，采取户分类、村收集、乡镇转运、县处理的模式。县里引进了一个垃圾处理公司对垃圾实行智能化管理和收集，垃圾车用 GPS 定位，垃圾收集亭有摄像头监控垃圾收集状态。全县共有 8 个垃圾中转站。县财政对垃圾公司按每吨垃圾 148 元进行补贴。从 4 个多月的运行情况看，村民的垃圾入池习惯基本养成，但由于垃圾的后续分类处理设施设备没有跟上，虽然村民在自家分类收集，但到真

图 3-2-25　新旧对比（1）
Figure 3-2-25　Comparison between the new and the old（1）

图 3-2-26　新旧对比（2）
Figure 3-2-26　Comparison between the new and the old（2）

正的垃圾处理环节,还是混合后填埋,没有真正实现分类处理。这在初期村民不了解情况时会遵守垃圾分类收集的规则做,一旦村民了解垃圾处理的真实情况后,极有可能产生负面情绪继而恢复以前乱丢垃圾的行为,使前面的成果前功尽弃。因此,垃圾分类处理还有很长的一段路要走,亟须完善垃圾分类处理的后续环节,真正实现垃圾的无害化、资源化、减量化的分类处理。

污水处理方面,在示范村镇,每个村建设了一个污水处理池,一个池的处理能力为 300 户,目前村里 80% 的农户污水入池。投资为每个污水处理池 100 万元。该项工程申请了国家环保部的农村环境连片整治项目资金,为每个村 120 万元。

(3)建筑立面整齐统一,但缺乏细部,甚至有些失去了原有特色

村民自建的住宅因各家经济水平不一,装修的标准和风格也不一样。有的是贴瓷砖,有的是水泥抹灰,而更多的是红砖毛坯没有任何装饰,因此村镇的建筑风格很不统一。此次的环境整治,政府出资(危房加固改造项目的补贴为普通户 3000~6000 元 / 户,五保户 1 万元 / 户),对每幢住宅进行外立面粉刷和平改坡改造,在所有的建筑外立面上重新抹灰粉白,在平顶檐口加灰色聚酯瓦坡顶,形成统一的白墙灰瓦风格,村镇风貌极大地得到改观。但另一方面,由于时间紧,任务重,实施单位没有更多的时间仔细推敲每幢建筑的立面,尤其对于一些老的有历史文化价值的建筑如祠堂等也等同于一般建筑一刷了之,使其失去了原有的历史痕迹和建筑细部,沦为一般的普通住宅建筑,非常可惜。而更多的建筑由于没有细部,给人以粗糙的感觉,很不经看(图 3-2-27,图 3-2-28)。此外,该项活动也遭到了一些有钱人家的反对,他们盖的自家房屋为瓷砖立面,自觉比

图 3-2-27 改造前
Figure 3-2-27 Before the transformation

图 3-2-28 改造后
Figure 3-2-28 After the transformation

图 3-2-29　绿地缺乏养护长满杂草
Figure 3-2-29　Green area lacks of maintenance is overgrown with weeds

白墙灰瓦好看得多，所以坚持不让改。

（4）乡村绿化照搬城市绿化，带来养护问题

此次村镇环境整治的一项内容是村镇绿化，在村镇中心建了一些广场和体育设施，广场周边和村镇主要道路两边种植灌木及乔木绿化。广场及体育设施极大地方便了村民健身锻炼，丰富了村民的业余生活。绿化由于是天气最热的时候种植的，所以很多都死了，还有些矮灌木绿化被随意踩踏而死，长出了很高的杂草（图 3-2-29）。城市的绿化是有专款、专人养护的，而目前村政府还没有财力负担这部分的开支。因此，在今后实施农村环境整治时，应首先考虑长效养护问题。其实，广博的农村正是以天然野趣吸引着人们，农村良好的自然植被不仅不需要人工养护，而且能自我维系生态平衡，保养水土，创造清新的空气和景观，这些正是农村的宝贵之处。万不可以城市的人工美标准来建设农村，否则将把农村建得既不像农村，也不像城市。

（5）村镇整治应更多地融入公众参与机制

村镇整治直接涉及村民利益，与村民的日常生活密切相关。但由于该次整治完全由政府主导，而且是在时间紧、任务重、抢工期的情况下实施的，没有村民的积极参与，导致在某些方面不能得到村民的理解和支持。如对建筑立面的出新完全统一标准，对老的祠堂与农民住房、瓷砖立面与清水砖墙等没有根据各幢建筑状况区别对待，以及部分广场绿地的选址和长效运作等考虑欠细致。这些为村民服务的设施，都应该耐心倾听村民的意见和想法。只有这样才能把好事做好，把惠民工程真正做到位，达到村民满意政府也满意的效果。

（6）示范村的运作模式不可持续，还需继续深化研究由于示范村的环境整治要在短短两个多月里实施完成，政府动用了所有能用的人力、物力和财力，在实施手段上属于非常规的运作模式，在很多实施细节上也来不及仔细推敲。如在环境整治的资金来源方面，还没有建立起一种长效稳定的资金运转模式；在广场绿化用地方面，如何将原有的农民承包土地转变为村镇公用的建设用地并维持正常的绿化养护开支，还没有探索出一条双赢的策略做支撑；在建筑立面风格上，如何区别对待不同性质的建筑，以及今后新建建筑的风格和细部要求等，都还没形成较完整的规划设计法则。示范作用绝不只在于对最后结果的展示，而是整个实施过程、实施手段及实施策略的高明之处值得学习，可以复制。因此，从这层意义上看，该示范村的示范效应还有待商榷。

3.3 乡镇规划
Village and Town Planning

3.3.1 内蒙古村镇规划
Town Planning of Inner Mongolia

蒙古族是一个具有悠久历史和灿烂文化的民族，据蒙古人的传说有 3000 多年的历史。13 世纪初，成吉思汗统一蒙古高原，使蒙古族登上世界历史舞台。之后通过军事征服，其统治疆域空前扩大。由于在征服地区留下守军，其民族分布广泛，亚欧地区、我国中原地区与南方地区都有蒙古族分布，但其民族主体主要分布于蒙古高原及其周边。如今蒙古族人口约为 1000 万，其中一半居住在我国境内。蒙古族的经济文化类型丰富，从传统的狩猎经济文化到畜牧经济文化再到农耕经济文化，多种多样的生产方式孕育了多种多样的生活方式与居住形式。

内蒙古传统民居建筑是对所处地域的自然和人文生态系统的历史性选择，其建造形制、空间、材料、工艺与装饰都具有特色。下文对内蒙古 2 个典型的村庄规划进行举例。

1）红山口村

红山口村是位于呼和浩特市城区北部的城中村，现状存在交通不便、环境卫生恶劣、市政公用设施配套严重匮乏、居住安全存在隐患等诸多城中村"通病"。

根据区域发展战略和红山口村资源优势，红山口村规划确定其定位为：以生态农业为依托，以文化旅游业为主导的呼和浩特最美丽村庄，大青山前坡生态文明示范村（图3-3-1，图 3-3-2）。

分析村庄具备的资源优势条件，实施红山口村分期建设规划：

近期——从完善基础服务设施着手，改善农村居住环境；优化农村产业结构，加快经济结构调整，实现农民增收。

远期——依靠大青山良好的生态资源和便利区位交通条件实现生态旅游的发展，形成以旅游业为主导的村域产业经济。

总体规划布局：生态路以北的区域保持现有的自然村落肌理和道路格局，以现有院落为基础进行梳理改造，形成聚落式的生态布局结构；生态路以南的区域进行城中村改造，重新进行规划布局，形成绿化廊道与功能地块相互交融的组团式布局结构。

2）毛岱村

毛岱村是包头市土默特右旗中南部中心村，原毛岱乡政府所在地，地处敕勒川腹地，区域交通优势明显，黄河故道、官渡古镇等印证其历史文化底蕴的深厚。

旗域总体规划、乡镇总体规划和敕勒川文化产业园等上位规划中均将毛岱村规划为区域重要节点。本次规划结合各上位规划做出的部署，将毛岱村定位为以农畜产品加工贸易产业为基础，以区域特色文化旅游产业服务为重点的亮点村庄（图 3-3-3，图 3-3-4）。

本节内容由张鹏举提供。

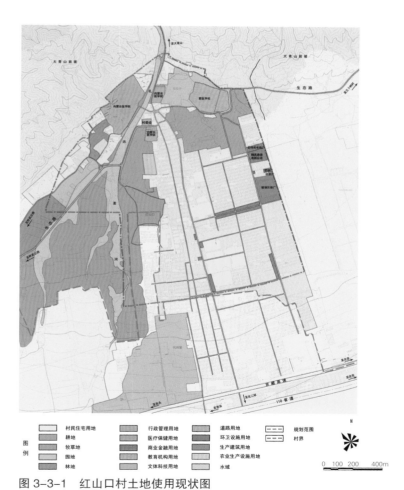

图 3-3-1　红山口村土地使用现状图
Figure 3-3-1　Existing land use map of Hongshankou village
图片来源：建研城市规划设计研究院有限公司

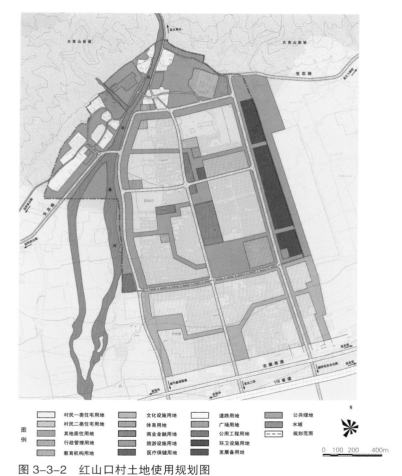

图 3-3-2　红山口村土地使用规划图
Figure 3-3-2　Proposed Land use map of Hongshankou village
图片来源：建研城市规划设计研究院有限公司

规划对公路沿线建筑进行整体改造，并对村庄内部公共活动中心周围进行环境整治，利用现状，村庄北部黄河故道打造黄河官渡文化特色文化体验区，对公共活动中心与黄河故道之间部分现状质量一般建筑进行重建，打造特色文化旅游核心片区；对其他区域村庄住宅根据现状建筑质量情况进行分类处置，拆除破旧土木结构房屋，对质量较好和新建的房屋进行整体改造，使村庄整体风格统一，突出地域特色。

图 3-3-3　毛岱村村庄现状用地图
Figure 3-3-3　Existing land use map of Maodai village
图片来源：建研城市规划设计研究院有限公司

图 3-3-4　毛岱村核心平面图
Figure 3-3-4　Layout plan of Maodai village's core area
图片来源：建研城市规划设计研究院有限公司

3.3.2 河南省三里河新型农村社区规划
New Rural Community Planning of Sanlihe, Henan Province

三里河新型农村社区规划是一个位于河南平顶山地区舞钢市下属的试点，其设计的主导思想，是要考虑如何利用支撑政策，如何节地，如何吸引，如何增收和推进，要十分注重土地集约化利用，产业为基本，就业为本。规划时，将空间规划和产业规划同步进行，相互融合，打造成一种产业居住结合型且集约化的社区。这要求在政策和农民之间寻求结合点，使规划设计有可操作性。

在具体规划设计中抓住土地政策、运营政策和保障政策，充分集约利用土地，留出建设用地以推进现代工业化、现代农业化的建设，在中心镇、中心社区进行商业运行、土地出让等等。

一个好的设计必须将地方领导、规划设计者和农民的生产结合起来，使农民住得好，支付得起资金和置换，并综合考虑各种设施和条件。该工程设计获得重庆市优秀规划设计二等奖。

1）新型乡镇的规划设计

当前我国农村发展正处于重大改革期，以城带乡进行新型城镇化建设对加快农业人口持续稳定转移、解决"三农"问题具有重要的意义。

舞钢是河南省城乡一体化试点市，推行农村社区规模化、集约化建设模式，利用"城乡建设用地增减挂钩试点政策"，将腾出的大量土地用于产业集中化、农业现代化建设。舞钢市以新型农村社区建设作为统筹城乡发展的切入点，探索以新型城镇化为引领的"三化"协调发展新路，受到国家发改委、河南省委、省政府的高度肯定。

三里河社区是舞钢市17个新型农村社区建设的一个重要试点项目。基地距舞钢市区15公里，与舞阳县城仅一河之隔，省道七蚁线从基地内部贯穿而过，良好的区位、交通条件宜于聚集人气，开展贸易。基地用地条件优越，能够支撑较大规模的社区建设。

2）产住结合型农村社区建设策略

依托城镇科学推进新型农村社区建设，以产业为基础，以就业为根本，以住房为牵引，建设产住结合型农村社区有利于促进农民向城镇转移就业。因此，规划从改善居住条件、提供就业机会、增加农民收入着手，提升社区建设内生动力。

（1）规划方法。将政策导向与问题导向相结合，确定规划目标。

根据国务院、河南省、舞钢市对于"城乡一体化"建设的指导意见，明确工作重点。对全国率先实践的成渝农民新村建设状况进行调查研究，对舞钢市已建社区的经验教训进行总结，确定："集约用地"是基础，"培育产业、改善民生"是核心，以建设"产住结合型集约化社区"为目标。

本节内容由应文提供。

在支撑政策与农民意愿之间寻求结合点，制订可操作的规划措施。规划设计之初，首先对农民生活模式、交往需求等进行充分调研，对农民的使用行为心理做相对科学的分析；同时对当地政府为推进新型农村社区建设而制定的土地政策、运营政策和保障政策进行深层解读，寻求支撑点，以增强规划的实效性；最后根据农民意愿对支撑政策进行深化与延展，在两者之间寻求结合点，并据此制订可操作的规划措施。

（2）规划策略。首先，同步进行空间规划和产业规划。当前城市对农村非农产业发展带动有限，而农村单一的产业结构又难以支撑土地流转后农民的生计问题，为了令社区更好地适应入住农民产业转型的需求，为其就业、增收提供支撑，设计者应突出规划的前瞻性和预见性，将空间规划和产业规划同步进行。社区建设应以土地集约化利用为基础，将节约出的建设用地用于社区产业培育，寻求一个产住结合的新型农村社区模式。

其次，探索有效的节地措施。从总体布局到住宅单体设计，全方位地探索节地模式，以节约出更多的用地指标用于培育、安置社区支撑产业，更好地适应新型城镇化进程。

第三，探索与转型期相适应的复合可变型住宅模式。针对土地流转这一特定时期的转型特征，从户型上进行创新，将住宅由单一的居住功能转变为多功能复合、可变的模式，以适应农民即将面临的生活方式转型、产业转型的需求。

最后，引入市场机制，减少政府资金压力。根据舞钢市政府制定的土地收益反哺政策：“中心镇、中心社区内的商业运作部分，土地出让金净收益部分全额用于中心镇中心社区基础设施、公共服务设施建设”[1]，适当配置商业开发用地，引入市场机制，以商住开发盈利反哺社区建设，减少政府资金压力；以商住开发聚集消费群体，支撑社区产业培育，增强社区的吸引力，促进农民主动出资购买社区住房。

3）与自然社会背景相适应的产业定位

按照舞钢市总体部署，本社区计划安置4600户居民，如此大规模的社区如何吸引农民入住，如何促进其就业增收是十分棘手的问题，亦是成败的关键。利用基地地处“舞钢第一大粮仓”的优势，引入CSA模式，推进农业产业化经营与社会化服务，建设居住、休闲农业、有机农产品专业市场相结合的、宜产宜居的美丽乡村社区。

（1）引入CSA模式。为了更好地建设以有机农业为核心的社区支撑产业，规划引入CSA模式，试图通过这种发展模式在社区居民和城市居民间建立一种高效的联系机制，从一定程度上促进城乡有机结合，协调发展。CSA是社区支持农业（Community Supported Agriculture）的英文缩写，

---

1 中华人民共和国国土资源部. 城乡建设用地增减挂钩试点管理办法. 国土资发〔2008〕138号.

是一种致力于拯救农业生态环境，促进健康安全食品生产，注重农业可持续生产和生产者与消费者合作互补的农业生产组织形式[1]。农民和消费者共同支持农场运作，消费者提前支付预定款，农场向其提供安全健康的农产品，在农民和消费者之间创立一个直接联系的纽带。三里河社区背靠舞钢市区，紧邻舞阳县城，周边大量的城市人口有利于支撑市场需求，成为 CSA 的潜在消费群体；节约出的用地能够与周边大量的高产农田一起，形成具有一定规模的连片农田，有利于社区支持农业的规模化、产业化经营；从基地内贯穿而过的省道能够满足人流、车流的使用需求，为 CSA 农园提供便捷的交通条件。

（2）以 CSA 模式为纽带衔接"一、二、三产业"。根据现有产业基础及资源条件，以 CSA 模式为纽带衔接"一、二、三产业"，在有机农业的基础上发展食品加工业、有机农产品专业市场和乡村旅游业，形成三级联动的立体化产业格局，延伸从田间到餐桌的产业链，实现"生产产业化、生态自然化、生活现代化"。在紧邻舞阳县城的地段，沿省道七蚁线建设有机农产品专业市场，沿滨水景观带建设餐饮休闲设施，沿社区主要道路设置配套商业服务设施，结合滨水绿带、农田景观建设乡野公园与市民农园，预计可以提供 6800 个就业

岗位。此外，社区农民还可结合相关产业节点逐步自主创业。

4）利于产业培育的空间布局

以 CSA 为纽带、休闲农业与有机农产品专业市场相结合的产业模式，需要在社区土地利用和空间布局时充分考虑该模式发展的要求，在最优利用土地的同时，使得产业所需的各项生产要素、景观资源得到最合理的空间配置。

（1）加强土地集约化利用。重视保护耕地和节约用地，尽可能利用废置地和旧宅基地进行建设，积极引导散居户和村落向规划社区集聚。从整体布局到住宅单体全方位探索节地模式，户均占地由 1.1 亩下降到 0.4 亩（图 3-3-5），腾出 2.15 平方公里建设用地指标。其中 1.30 平方公里作为社区产业培育区，0.85 平方公里用地指标用于城市产业集聚区建设（图 3-3-6）。

（2）利于产业培育的空间布局。首先，采用"一脉两心四区"的格局[2]。"一脉"为产业发展动脉，由沿街商业带、滨水休闲带以及穿插于社区内的有机果蔬采摘带构成一条环状动脉，串联起有机农产品专业市场、现代农业加工区、CSA 农园和乡野公园（图 3-3-7）[3]。"两心"指有机农产品专业市场和休闲农园。有机农产品专业市场依托省道建设，便于吸引过境旅客，是社区产业向外展销的窗口。休闲农园

1　高永华. 以新型农村社区建设为切入点推进城乡一体化 [EB/OL].(2011-12). http://wenku.baidu.com/view/ca7fc0eeb8f67c1cfad6b89e.html.
2　李良涛，王文惠，王忠义，等. 日本和美国社区支持型农业的发展及其启示 [J]. 中国农学通报，2012，28（2）：97-102.
3　罗伟涛，周茜. 基于 CSA 模式的田园社区规划研究——以三里河社区为例 [J]. 西部人居环境，2013（2）：52-56.

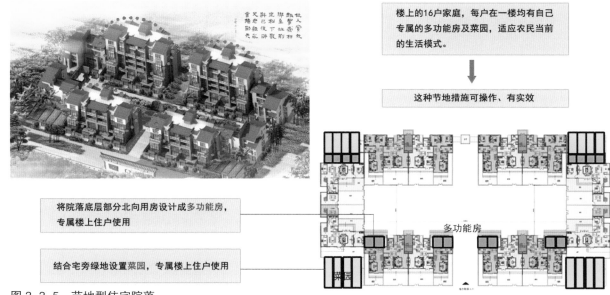

楼上的16户家庭，每户在一楼均有自己专属的多功能房及菜园，适应农民当前的生活模式。

这种节地措施可操作、有实效

将院落底层部分北向用房设计成多功能房，专属楼上住户使用

结合宅旁绿地设置菜园，专属楼上住户使用

多功能房

菜园

图 3-3-5 节地型住宅院落
Figure 3-3-5 Land-saving residential compound
资料来源：应文等

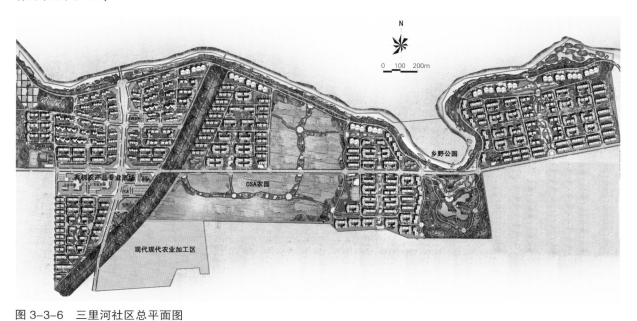

乡野公园

有机农产品专业市场

CSA农园

现代现代农业加工区

图 3-3-6 三里河社区总平面图
Figure 3-3-6 Master plan of Sanlihe community
图片来源：重庆大学三里河社区规划项目组绘制

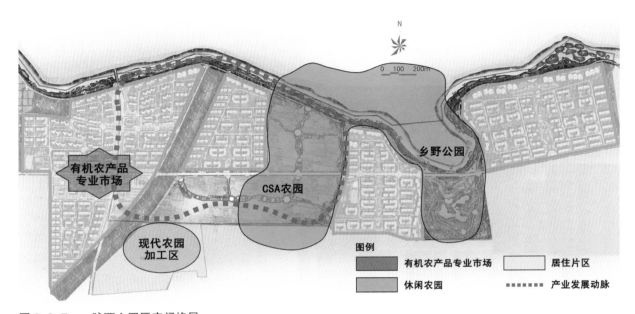

图 3-3-7　一脉两心四区空间格局
Figure 3-3-7　Spatial structure of one axis two cores and four sections
资料来源：应文等

图 3-3-8　田村交融的空间形态
Figure 3-3-8　Spatial form of blending fields and village together
图片来源：重庆大学三里河社区规划项目组绘制

包括 CSA 农园和乡野公园"四区"为融于田园间的四个居住片区。铁路左侧居住片区部分用于商住开发，以开发盈利补给社区建设；部分用于前期启动的农民安置，以其良好的交通条件、完善的产业支撑吸引农户入住。铁路右侧三个居住片区均为农民安置区，依托社区产业动脉支撑农户就业增收。

其次，构筑产、游、住结合的景观游赏系统。将滨河景观、农业特色景观引入社区内部，与有机果蔬采摘带一起，共同构成产、游、住结合的景观游赏系统。该系统穿插于生产空间、商业空间、居住空间和田园背景之中，以其丰富性和趣味性增加社区景观吸引力，利于发展休闲农业。结合景观游赏系统设置配套服务设施。

在立足城乡统筹的背景下，三里河社区的建设根据现实条件和未来发展空间需求，坚持近、远期结合的原则。近期迁村并点，土地合并后以村庄整治、基础设施建设为重点，以发展 CSA 有机农业、加工业为主；远期以发展休闲农业为重点，促进住、产、游结合，拉伸农业和休闲业产业链。

（3）与支撑产业适应的田园风貌。首先，构筑田村交融的空间形态。采用住区与园区相互融合的组团式格局，农民社区散落穿插在广袤的田园中（图3-3-8），既能方便农民就近耕种，又可保留原有乡村阡陌纵横的林盘式布局，形成"暖暖远人村，依依墟里烟"的诗意化田园社区风貌，有助于吸引更多的 CSA 份额成员和游客，做到住游结合。

其次，维护农村固有的乡间景观。以浓郁的田园风貌、田村交融的空间格局、富于农家韵味的特色院落以及完善的社区配套设施来提升社区活力，既宜于吸引都市居民来此休闲体验，又改善农民居住条件[1]。

第三，营造乡土化滨水景观带。以微地形处理技术、雨水收集补给技术，给干涸的河道补充水量；选择当地湿生植物，固土蓄水，营造富于活力的生态化、乡土化滨水景观带。

5）宜于自主创业的新型住宅

住宅设计是宜居社区建设的最紧要环节之一。针对土地流转这一特定时期农民即将面临的生活方式转型、产业转型的需求，从户型上进行创新，将住宅由单一的居住功能转变为多功能复合、可变的模式，既满足现阶段农民居住、耕作使用需求，又适应未来旅游休闲服务业发展，帮助更多农户逐步融入社区产业链之中，进行自主创业。

（1）功能复合、可变式新型住宅。临街住宅，每户均有独立的临街一层多功能房、杂院，经由相对独立的楼梯进入居住空间，住户近期可用做农具堆放、粮食存储、晒谷场地，远期便于投入商业经营（图3-3-8）。

滨水住宅，每户均有连廊通往独立的滨水多功能房、

1　王云才，刘滨谊.论中国乡村景观及乡村景观规划 [J].中国园林，2003（1）：55-58.

独立庭院或滨水露台，便于远期开展滨水休闲服务业（图 3-3-9）。

田园旁侧住宅，每户既有独立院落，又有公共院落，分合自如，便于自主经营餐饮休闲业务，亦可改为产权式客栈（图 3-3-11）。

（2）经济可行的被动式太阳能技术。为了减轻农民居住成本，所有住宅建筑均采用经济可行的被动式太阳能节能技术（图 3-3-12），提高居住舒适度。设计通过合理的建筑布局、良好的通风措施、被动式阳光房建设、平板式太阳能集热器应用等措施，节能减排。

6）结语

以新型城镇化为目标的"产住结合型集约化社区"是一个新的探索，该模式通过社区内部用地的合理优化配置，将节约出的土地用于产业培育，为农民提供宜产宜居的新型社区，不占用额外的建设用地指标，不以牺牲生态和乡土环境为代价。从设计到实施充分结合农民意愿，在主流民意与政策导向之间寻求结合点，寻求可操作、有实效的规划措施。希望这种尝试能够为农村社区建设提供一定的借鉴作用。

一层户型构成　　　　二层户型构成

三层户型构成　　　　四层户型构成

图 3-3-9　临街住宅户型
Figure 3-3-9　Frontage house type
资料来源：应文等

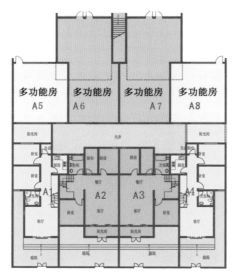
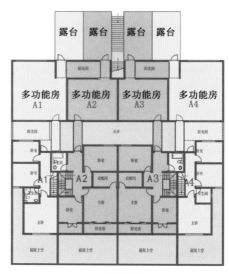

一层平面图　　　　　　　　　　　　　二层平面图

图 3-3-10　滨水住宅户型
Figure 3-3-10　Waterfront house type
图片来源：重庆大学三里河社区规划项目组绘制

图 3-3-11　田园旁侧住宅户型
Figure 3-3-11　Postoral house type
图片来源：重庆大学三里河社区规划项目组绘制

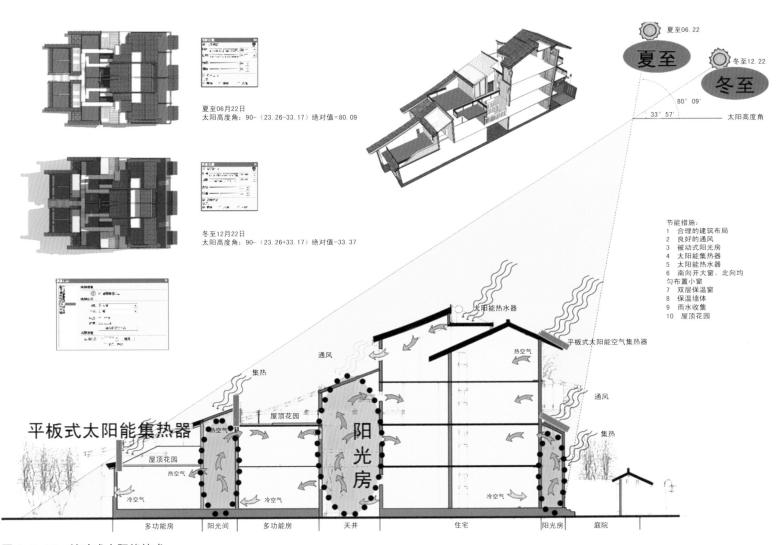

夏至06月22日
太阳高度角：90-（23.26-33.17）绝对值=80.09

冬至12月22日
太阳高度角：90-（23.26+33.17）绝对值=33.37

夏至06.22

冬至12.22

夏至

冬至

80°09′

33°57′

太阳高度角

节能措施：
1　合理的建筑布局
2　良好的通风
3　被动式阳光房
4　太阳能集热器
5　太阳能热水器
6　南向开大窗、北向均
匀布置小窗
7　双层保温窗
8　保温墙体
9　雨水收集
10　屋顶花园

太阳能热水器

平板式太阳能空气集热器

通风

通风

热空气

集热

集热

屋顶花园

热空气

屋顶花园

热空气

平板式太阳能集热器

阳光房

冷空气

冷空气

冷空气

多功能房　阳光间　多功能房　天井　住宅　阳光房　庭院

图 3-3-12　被动式太阳能技术
Figure 3-3-12　Passive solar energy technology
图片来源：重庆大学三里河社区规划项目组绘制

3.3.3 云南省拖潭示范村建设规划
Construction Planning of Tuotan Demonstration Village, Yunnan Province

拖潭自然村位于云南省中部，昆明市东北部，隶属于云南省昆明市东川区阿旺镇石门村委会，位于阿旺镇的西边。阿旺镇地处东川南端，素有东川"南大门"之称。由于东川境内为世界深大断裂带，地质侵蚀强烈，形成了典型的深切割高山峡谷地貌，境内山高谷深，地势险峻。

拖潭自然村距离阿旺镇 10 公里，海拔 2210 米，国土面积 6.51 平方公里，属于典型的彝族村落，具有浓厚的彝族文化背景，留存了大量的预定俗成的村规民约、传统习俗、接人待物的礼俗以及生产、生活禁忌。如仍然在传承的毕摩文化，每年农历六月二十四日举办的火把节，一年一度的以独特方式缅怀和再现祖先生活方式的密枝节，当地还具有基督教文化背景。

1）现状

高程。拖潭示范村建设规划区位于山区，属于典型的山地彝族村落，地形高差起伏较大，整体地势呈西高东低的特点，其中片区南部的密枝林区海拔最高，大多在 2021.46 米以上，最低点位于规划区的东南部，海拔 1918.90 米（图 3-3-13）。

坡度。规划根据现状用地坡度的大小将其划分为四种用地，其中：一类用地为坡度小于 8% 的用地，分布于规划区中部，适宜村镇建设；二类用地为坡度在 8% ~ 15% 的用地，分布于规划区西南部，通过一定的改造可以适度开发建设适宜村镇建设；三类用地为坡度在 15% ~ 25% 的用地，在规划区内与二类用地交错分布，通过一定的改造，亦能开发建设；四类用地为坡度大于 25% 的用地，主要分布于拖潭村四周，现状主要为农林用地，植被覆盖较好，规划建议对其进行保护（图 3-3-14）。

本节资料由云南山地城镇区域规划设计研究院提供，南京林业大学陈逸帆、周意整理。

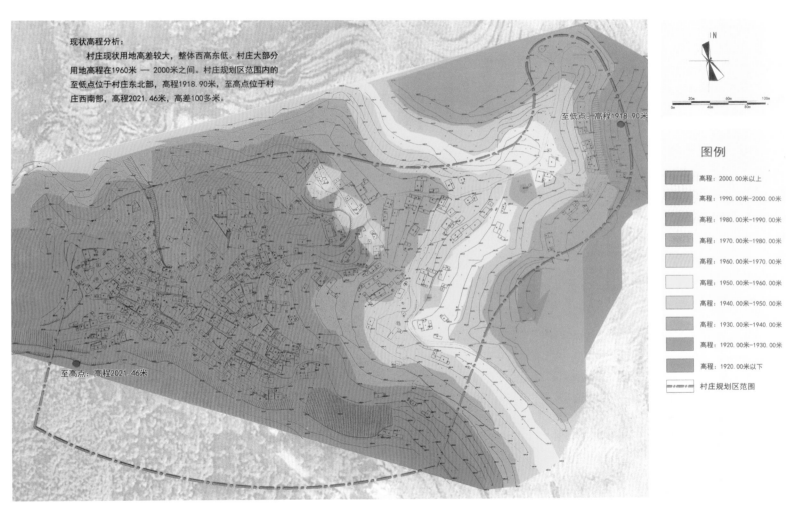

现状高程分析：

　　村庄现状用地高差较大，整体西高东低。村庄大部分用地高程在1960米 — 2000米之间。村庄规划区范围内的至低点位于村庄东北部，高程1918.90米，至高点位于村庄西南部，高程2021.46米，高差100多米。

至低点：高程1918.90米

至高点：高程2021.46米

图例

高程：2000.00米以上

高程：1990.00米-2000.00米

高程：1980.00米-1990.00米

高程：1970.00米-1980.00米

高程：1960.00米-1970.00米

高程：1950.00米-1960.00米

高程：1940.00米-1950.00米

高程：1930.00米-1940.00米

高程：1920.00米-1930.00米

高程：1920.00米以下

村庄规划区范围

图 3-3-13　高程分析图
Figure 3-3-13　Elevation analysis map

现状坡度分析:

村庄现状用地坡度较大,规划区范围内的用地坡度大多以8% — 25%为主,局部地段大于25%,需采取一定的工程措施方适宜建设。

图例

坡度: 25.00%以上
坡度: 15.00%-25.00%
坡度: 8.00%-15.00%
坡度: 8.00%以下
村庄规划区范围

图 3-3-14　坡度分析图
Figure 3-3-14　Slope analysis map

建筑。规划根据现状建筑的不同质量，将其划分为三个等级，其中一类建筑为质量较好的、有保留价值的砖混结构合院式建筑，规划建议保留；二类建筑为质量一般、需要改造修缮方可继续使用的土木结构建筑，规划建议根据村落布局结构的调整，部分保留；三类建筑为质量较差且存在安全隐患的建筑，规划建议拆除（图3-3-15）。

综合现状。规划区现状用地主要包括一类居住用地、宗教用地、耕地、牧草地及林地等，其中居住用地主要分布在规划区中部，面积4.90公顷，占总建设用地的89.42%；农林用地主要分布在村落四周，用地11.72公顷，占总用地的66.7%。村落现状有两条主要道路，一条为东西向分布的入村道路，西至石门，东到木多，道路宽为4米，路面为土路；另一条为南北向的村内主要道路，宽约为3米，其余大多是1.5米左右的巷道（图3-3-16）。

村落特质。民居建筑形式以云南一颗印为代表，院落的围合空间及有彝族文化元素的檐口黑白线条构成了民居的主要元素。基督教堂与周围建筑形势不协调，需要外立面进行改造。村落空间的组成有多种形式，围合成L形或"一颗印"以构成空间形式，既能防御，也具有向心性。在拖潭村南部有一大片树林——彝族祭祀圣地密枝林，它是彝族神圣而又独特的宗教场所。

2）存在问题和解决方法

村落现状经济发展滞后，严重影响村落的发展需求；村落市政基础设施不齐，公共活动场所缺乏；村落建筑大部分为土木建构，建筑质量差，有的甚至已成为危房，大多数房屋须翻新和修葺后才能使用。

一个村落的良性发展，首要任务在于战略的定位。确定一个合理的发展方向，对于一个村落的发展意义重大。首先是文化形态的延续和保护。拖潭村人民的生活受到彝族传统宗教的影响，彝族的传统文化已经融合到人们生活的方方面面。而对彝族祖先的追溯可以让人们更有一种归属感，因此对于彝族宗教文化的集大成者——毕摩文化的追溯非常必要。其次，基督教文化也是一个重要的文化要素，对于村落的发展也有着极其重要的影响作用。再者，彝族的毕摩文化堪称彝族人民世代相承的"知识武库"和"百科全书"，既是我国族群文化多样性的体现，也是人类记忆和文化创造力的见证。对毕摩文化及其仪式传承的保护和研究，关系到如何延续一个古老民族独特的认知方式、历史记忆、价值观念和民间智慧。另外，应注重新老村落格局的延续、路网格局的延伸与发展。延续老村的路网骨架既是历史的一种延续，也是人们生活习惯的连续。

3）构思与策略

总体定位。拖潭自然村规划以彝族文化为开发主题，深入挖掘彝族的民族文化和民俗文化，具体以基督教堂附近的太阳历广场为中心，以绿化为纽带，以移步换景的景观为特色，打造东川区新的彝族文化体验中心，形成集特色商贸、

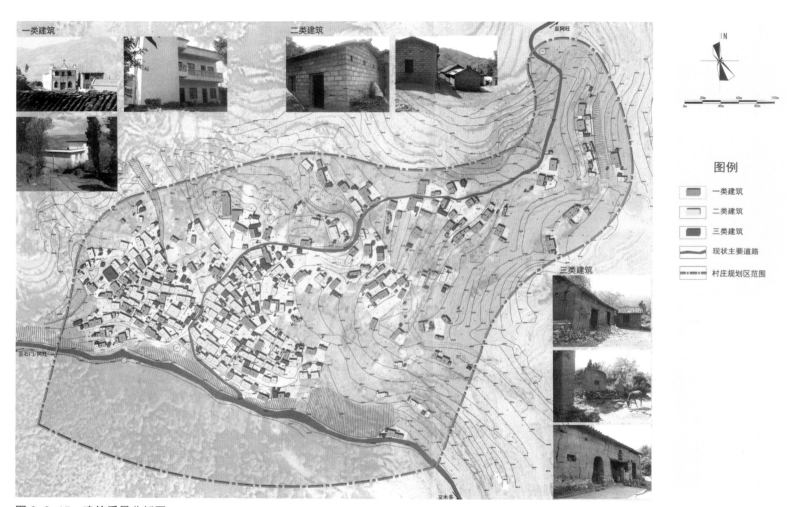

图 3-3-15　建筑质量分析图
Figure 3-3-15　Architectural quality analysis map

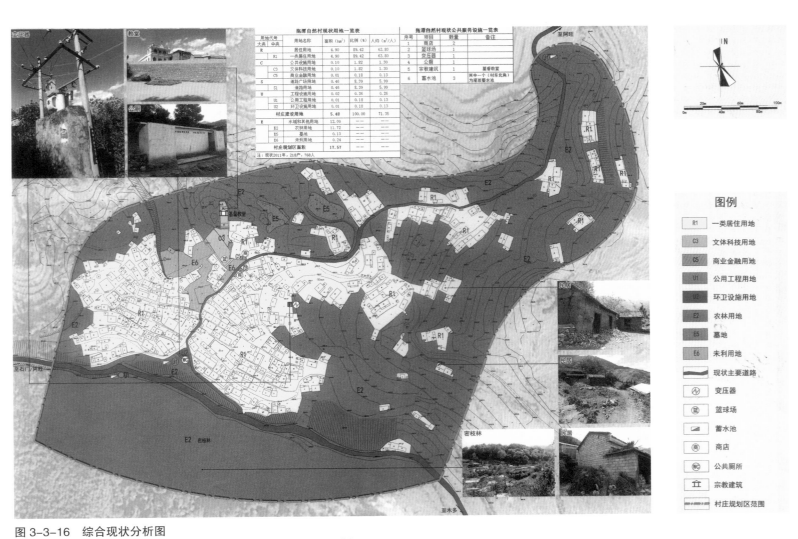

图 3-3-16　综合现状分析图
Figure 3-3-16　Comprehensive analysis of the existing condition

休闲娱乐、旅游接待、彝族文化展示一体的新型旅游乡村。

目标。首先协调功能布局，村落是村民及游客各项功能活动的集聚地区，土地使用和交通组织的空间协调是规划的首要目标。其次完善设施配置，规划区作为阿旺镇彝族文化开发的示范区域和旅游发展的窗口村落，基础设施和公共设施应当提升到相应的更高的配置标准，并逐步完善村落市政基础设施。第三，建设宜人的村落空间环境，村落公共开放空间对村民和游客具有特别重要的意义，广场、绿地、步径、水系和山体等元素应当构成连续和完整的体系，营造舒适宜人的村落环境。第四，实现可观的经济效益和社会效益，通过旅游开发实现老村落的快速改造和新村落的有序建设，建设环境品质高、文化氛围厚的彝族旅游村落，实现与周围村落的资源共享和效益共赢，逐步提高村民的经济收入和生活水平，实现经济效益和社会效益的双丰收。最后，有效地规划管理，贯彻上述目标在很大程度上取决于有效可行的规划管理，规划拟采取更为综合的体系，包括一般地段的规划建设指导和重点地段的细部设计两个层面，对规划区的建筑布局、建筑及景观小品形式、绿化景观构成等进行有效指导，使规划具有较强的可实施性。

开发策略。区域开发采取形成拖潭入口门户、居住新区节点和彝族文化展示区（基督教堂附近的公共空间），打破原有的村庄发展模式，开拓全新的产业格局的规划方法。首先综合考虑村落发展趋势，进行片区发展定位，抓紧大区域发展机遇，营造小片区发展气候，用最恰当的村落角色争取最大的村落发展。其次，优化运作土地一级市场，争取各级投资资源，通过大手笔创新和多角度经营，实现项目开发策划和招商运营同步进行，创造新的村落价值。最后，统筹兼顾各种产业发展，对商业、服务业、体验性旅游业等实施优势互补，有效调动各种产业的积极性，建设新的村落发展重心。

规划结构。规划深入挖掘彝族民居的文化内涵，充分融合山地聚落的空间格局特点，同时结合规划区实际情况，通过适当的变形抽象反映其文化内涵，并在空间布局上继承其原有特点。规划以拖潭旅游开发为契机，打造阿旺地区自己的彝族部落。具体形成"两轴三片多节点，三门三场一林园"的规划结构。其中：两轴即村落的两条发展轴线，以拖潭两条主要道路为轴线，串联各个功能片区和景观节点，打造"彝族山寨"的脉络格局。三片即老村整治区、新村示范区和公共服务区。老村整治区集中在村庄西部，主要进行街巷拓宽、危房拆建、异化建筑的外立面整治；新村示范区主要集中在村庄中部和东部，根据人口规模预测的结果，规划建设具有彝族特色的合院式住宅，并配套相应的公共服务设施和绿化景观；公共服务区集中在村庄西北部，依托原有的基督教堂，对周围的文化科技用地，进行合理改造，规划新建太阳历广场，作为整个村落的文化活动中心，广场西侧设置村委办公场所，东侧布置集贸市场。多节点主要指由道路串联的广场、绿地小品和公交站点等。"三门三场一林园"是指三道寨门、三个广场（包括太阳历广场、休闲广场和入口形象广场）和南边的密枝林园，构成主要的景观核心。

布局特点。一是形成以山融村的自然环境。人与自然和谐相生是人类永恒的追求，也是中国人崇尚自然的最高境界。拖潭古村落环境的创造正是尊奉"天人合一"的传统观念，按天、地、生、人保持"循环"与"和谐"的自然规律，将周边的山体环境融入村落建设之中，使得"山绿"有机渗透到村落之中，使村与山有机交融。二是形成以文融人的空间结构。文化是人类生活的反映、活动的记录、历史的沉积，是人们对生活的需要和要求、理想和愿望，是人们的高级精神生活。彝族人民在辛勤的耕作和日复一日的生活中创造了丰富的民族文化，而拖潭村作为典型的彝族村落，正是这种民族文化的现实载体。规划在空间营造中充分融入彝族文化，将原生态的民俗体验活动贯穿整个空间序列之中，在空间中渗透人的文化思想，让人置身其中体验原汁原味的文化。

规划在原有村庄肌理基础上，进行街巷的拓宽和建筑外立面改造。同时以现状用地性质及产业发展需求为依据，在现状用地基础上进行土地的整合利用。其中居住用地以现状村落居住用地为基础，利用现状周边闲置地进行村庄绿化建设。整体上看，居住用地围绕中心核心服务区呈环状分布，以主要道路划分，各组团之间通过路网联系，公共服务设施用地集中在村落北部，主要有村委会、卫生室、广场和集贸市场等。村民住宅用地主要分为保留改造住宅用地和新建示范住宅用地，其中保留住宅用地主要分布在规划区西部，新建住宅用地主要是规划区中部。作为广场用地的停车场按合理半径分别在村庄的入口处、新村示范区和入村路两侧设置；而游憩广场用地则穿插于步行街、居住区以及入口区等多个区域，利用建筑之间的空余用地打造开敞的室外休闲空间和民族文化展示空间。公共绿地考虑在村庄的各区域开展房前屋后绿化、道路两旁的防护绿化、村落南部的山体绿化等，尽可能增加公共绿地面积。

东川区阿旺镇拖潭民族团结示范村的建设规划基于其村落特质展开（图 3-3-17），综合考虑了村落发展趋势，充分挖掘了当地的文化与景观的规划潜力，在打造新型旅游村落方面具有积极意义。

图 3-3-17 用地规划图
Figure 3-3-17 Proposed land use map

3.3.4 黑龙江省纳金口子村规划设计
Najinkouzi Village Planning, Heilongjiang Province

这个实例方案地处黑龙江省的西北部，距离上马厂乡三道湾子村约 5 公里，距黑河通往新生乡原公路 28 公里。纳金口子有得天独厚的资源优势。一是旅游资源，法别拉河流经纳金口子村，形成"之"字形的河谷，山峦起伏，植被、树木覆盖密集，气势相当壮观。二是绿色食品资源，林区长着天然的蕨菜、老山芹、木耳、猴头等山产品，空气、土地、河流没有受到任何化学性污染，是开发生产绿色食品的理想场所。

1）纳金口子村现状

人口情况。纳金口子村现状全村户籍人口 208 户，共计人口 588 人，村内常住人口 153 户，460 人。

用地和经济情况。原址村域总面积为 124 平方公里，其中耕地面积约 580 公顷，人均耕地 0.98 公顷。新址用地主要由农田、林地、道路和临时居住用地组成，总面积为 39.52 公顷（表 3-3-1 ~ 表 3-3-3）。

表 3-3-1 用地指标表 1
Table 3-3-1 Land use index 1

用地名称	总用地	耕地	林地	道路用地	临时居住地
面积（公顷）	39.52	16.43	22.67	0.30	0.12
比例（%）	100.00	41.57	57.36	0.76	0.30

表 3-3-2 经济总收入
Table 3-3-2 Total economic income

年份	2005 年	2006 年	2007 年	2008 年	2009 年
总收入（万元）	243.31	249.07	240.32	331.30	567.00

本节内容由哈尔滨工业大学城市规划设计研究院提供。

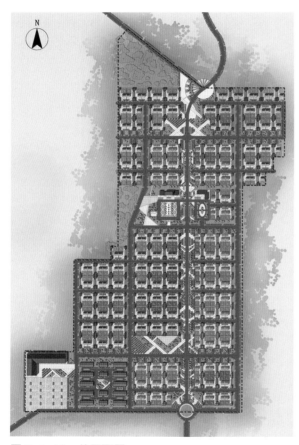

图 3-3-18　总平面图
Figure 3-3-18　Master plan

表 3-3-3　人均经济收入
Table 3-3-3　The per capita income

年份	2005 年	2006 年	2007 年	2008 年	2009 年
人均收入（元）	3167.0	3251.4	3512.6	4376.9	5035.1

到 2009 年底，村内现有房屋 209 栋，砖瓦化面积没有达到一半。纳金口子村具有相当大的发展优势：自然环境条件优越，如山区森林环抱如世外桃源；现状用地单一，便于开发；交通条件便利，出行方便；政府扶持，政策优越。

2）纳金口子村新村规划

规划确定新村的结构为："一核、一轴、五片、多点"（图 3-3-18）。

一核：指由行政中心（村委会）、文化中心（文化大院）及周围的绿化景观形成的整个村的核心。

一轴：指贯穿新村南北的主要道路形成的整个新村的发展轴线，也是新村的对外形象展示轴线。

五片：分别指中部的核心片区、南北部的两个居住片区、中部的别墅片区以及西南部的产业片区。

多点：指分布于整个新村内的景观节点及标志性节点。

规划遵循"以人为本"的设计原则，引入"新桃源"概念，即通过对新村的"新放射、新设施、新环境、新农民、新风尚"的全面打造，构筑一个全"新"的世外桃源（表 3-3-4）。

表 3-3-4　用地指标表 2
Table 3-3-4　Land use index 2

序号	用地性质	F1	用地代号	面积（公顷）	比例（%）
1	居住用地	—	R	17.10	43.27
	其中	一类居住用地	R1	17.10	43.27
2	公共设施用地	—	C	0.79	2.00
	其中	行政办公用地	C1	0.47	1.19
	—	文化娱乐用地	C3	0.32	0.81
3	生产设施用地	—	M	3.08	7.79
	其中	一类工业用地	M1	1.38	3.49
	—	农业服务设施用地	M4	1.70	4.30
4	道路广场用地	—	S	5.71	14.45
	其中	道路用地	S1	5.71	14.45
5	绿地	—	G	12.84	32.49
	其中	公共绿地	G1	12.84	32.49
6	总计	—	—	39.52	100.00

3.3.5 江苏省徐柴村村庄建设规划
Xuchai Village Construction Planning，Jiangsu Province

徐柴村村庄规划的目的即是为了贯彻落实科学发展观，引导农民集中居住、工业向镇以上工业片区集中，促使村庄适度集聚、土地资源节约利用和农村基础设施与公共设施集约配置，促进农业生产，整合生态空间，促进城市化进程，积极推进城乡统筹发展，更好地建设社会主义新农村。

徐柴村位于江安镇域南部，南与靖江市毗邻，东连宁通居，西接黄建村，北临葛布村，全村总用地 376.97 公顷。宁通高速公路横贯村域，葛黄线连接东西，南有如靖界河，北有拉马河。徐柴村全村现有居民 1148 户，4220 人，户均人口 3.68 人，其中农业人口 3978 人，非农人口 242 人。全村经济状况较好，2005 年社会总产值 1.22 亿元，农民人均纯收入达 7520 元。工业企业近年来成为村集体经济新的增长点，全村现有企业 13 个，2005 年总产值 8800 万元，职工人数 358 人。工业主要有电缆材料厂、服饰加工厂、毛巾厂、家具厂等，规模相对较小。公共服务设施有长足发展，先后建设了村委会、文化室、卫生室、篮球场等。

1）土地利用概况

徐柴村全村总用地 376.97 公顷。农用地 281.43 公顷，其中耕地约 196.13 公顷，人均耕地 466.7 平方米；建设用地 69.43 公顷，人均建设用地约 164.1 平方米；河流水域等其他用地约 26.11 公顷。

居住建筑用地。目前全村共有居住建筑用地 64.31 公顷，人均约 152.4 平方米。村民住宅大多数为两层的砖混结构，多数为 1990 年以后建成的，共 875 户，房屋质量较好，占总户数的 76%；少数为一层平房，主要为 1980 年左右建成，共 273 户，房屋质量较差，占总户数的 24%。

公共建筑用地。徐柴村公共建筑用地基本集中在北部的葛黄公路边，主要为新建的村委会综合楼，占地约 0.39 公顷，包括村委会、文化活动室、老年活动室、卫生室等，建筑面积约 400 平方米。村内另有分散布置的商店、超市等公共建筑，建筑面积约 240 平方米。

生产建筑用地。徐柴村生产建筑用地主要沿葛黄公路分布，总占地约 0.95 公顷。近年来民营经济发展较快，主要有电缆材料厂、电缆配件厂、服饰厂、模具厂、家具厂等。现有企业规模不大，但对村集体经济贡献较大，明显提高了部分村民的收入，解决了部分就业问题。

对外交通及道路广场用地。徐柴村对外交通及道路用地共有 3.81 公顷，现状对外交通主要是位于村域北部的葛黄公路，其往东可接江曲线，往西可接江黄线；村域内道路主要有柴圩南路、徐圩北路、生柴路、纪圩路、徐圩南北路等，基本能满足现状农业生产和生活需求，基本为沥青路面，质量较好，路宽 3 ~ 5 米不等。

本节内容由如皋市规划建筑设计院提供，南京林业大学陈逸帆、周意整理。

总体而言，徐柴村综合实力较强，村庄环境正不断改观。但同时，受到交通条件、土地政策、村民意识等的制约，村庄的建设还须加快，各项配套设施还须进一步完善，道路交通条件亟须改观，村庄环境需要大力整治（图3-3-19）。

2）村庄布局

在综合考虑农业生产、道路交通、产业布局及地方发展需求等诸多因素的前提下，徐柴村规划南北两片村庄建设用地，结合原有徐圩、柴圩两个自然村进行建设。徐柴村现状村民楼房较多，建筑质量较好，应合理保留，因此徐柴村属于整治扩建型村庄，应妥善处理好新旧住宅之间的关系，最终形成一个完整而又协调发展的村庄。在保留现有村庄格局和较好的建筑基础上，充分利用现有河流水塘等资源条件，形成"两片一心"的布局结构。北片：位于葛黄线以北，纪圩路两侧，规划形成3个组团，通过河流、绿地又连为一体，新建住宅与原有建筑有机融合，围合成丰富多变的院落空间。北片村庄共规划495户，保留216户，新建279户。南片：位于宁通高速公路以南，柴圩南路两侧，规划形成东西2个组团，通过公建、河流、绿地相互沟通，住宅以新建为主，通过与河流水系的呼应，创造小桥、流水、人家的宜居环境。南片村庄共规划385户，保留133户，新建252户（图3-3-20）。

按照功能结构在北片村庄南侧布置公共服务设施，满足村民购物、文化活动、教育、医疗保健等需求。结合现状道路、河流及保留建筑，因地制宜地布置独户、双拼、联排等形式的住宅，力求形成一个个完整又相互共融的住宅院落。通过水面、绿地、公建等来美化村庄的入口和内部空间，形成一个优美而有地方特色的村庄。

图 3-3-19 村域现状图
Figure 3-3-19 Existing condition map of the village area

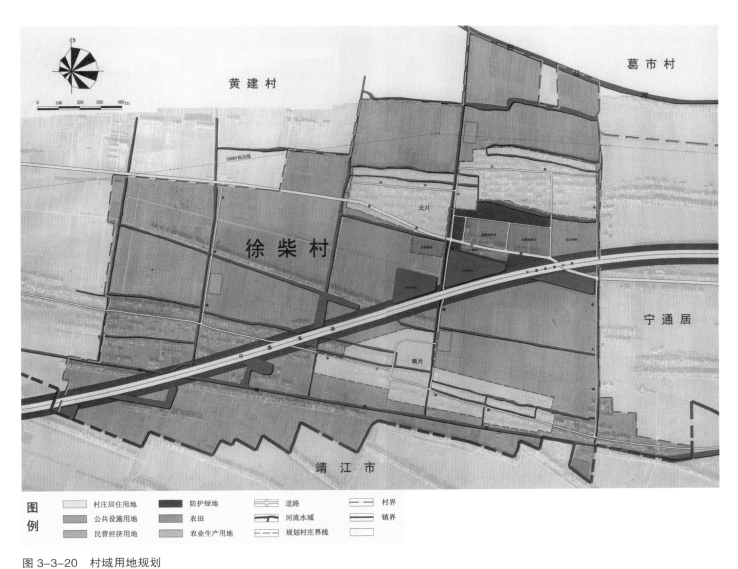

图 3-3-20　村域用地规划
Figure 3-3-20　Land use plan of the village area

公共设施。公共服务设施的布局考虑交通方便，主要规划在葛黄公路南侧，纪圩路西侧，同时兼顾南北两片村庄，位于村庄的主要出入口处，能形成良好的村庄入口景观。另外沿葛黄公路规划两处商业服务设施，方便居民出行购物。在南片村庄部分公共服务设施，就近服务南片村庄居民，主要包括村委会、文化活动室、卫生室、老年活动室、菜肉市场、超市、小商店等。村委会等公益性公共建筑设计为二层综合楼，周边规划公共绿地，设置球场、小广场等活动场地，满足村民日常生活生产需求，体现村庄的活力。商店、超市等经营性公共建筑主要沿道路布置，方便村民。结合北片村委会、东北侧滨河绿地、南片公共建筑共布置三处水冲式公厕，建筑面积约 120 平方米。

住宅建设。规划新建设的住宅基本为低层（两层）双拼、联排住宅，局部翻建、插建地块结合保留住宅灵活布置少量独立式住宅，节约用地。在合理保留现有质量较好的住宅的基础上，根据规范要求灵活有机地插建、扩建住宅，在尽量减少人均建设用地的同时，形成富于变化的院落空间。在住宅之间适当的布置庭院小绿地，形成疏密有致的群体组合，结合河流的走向形成错落有致的临水住宅。

道路交通。徐柴村对外交通主要依托葛黄公路，葛黄公路东连江曲路，西接江黄线，是村民出行的主要通道。规划村庄道路等级分为主干路、次干路、宅前路三级。北片村庄规划一横两纵的主干路网，主干道为纪圩路、徐圩北路，道

路宽度为 7 米，规划新建建筑后退道路不小于 4 米。次干道宽 4～5 米，规划建筑后退道路不小于 3 米，宅前后路宽 3 米。南片村庄规划风车型的主干路网，主干路为纪圩路、柴圩南路等，道路宽度为 7 米，规划新建建筑后退道路不小于 4 米。次干道宽 5 米，规划建筑后退道路不小于 3 米，宅前后路宽 3 米。

3）绿化景观规划

绿化景观规划涉及建筑风貌、绿化系统、景观和环境设施小品几个方面。

建筑风貌规划。根据村庄整体风格、居民生活习惯、地形与外部环境条件、传统文化习俗等来确定建筑风格和建筑群组方式。住宅采取坡顶，建筑立面设计注重不同材料形成的色块之间的对比，利用阳台这一住宅中可变性较大的构件，丰富立面造型。此外，通过线角、屋檐、入口的细部处理，创造出具有特色的住宅建筑群体形象。

绿化系统规划。绿地景观规划力求利用河流等各种积极的环境因素，与村民的生活生产、建筑空间的布置相结合，创造出富有地方特色的绿地环境。重点加强公共服务设施周边的绿化配置，形成成片的绿化，并结合绿地使用特点布置适当的桌椅、健身设施、儿童娱乐设施、小品等；加强沿河、沿路绿化带的建设，形成线状绿地，起到渗透与连接的作用；加强住宅周围、院落之间、村口的点状绿地建设，形成"点、线、面"相结合的绿化系统，同时注重乔木、灌木、草地、

墙体绿化等垂直绿化的设计，不同地段配置相应的特性和色彩的树种，注意落叶树与常绿树的结合、经济树种与景观树种的搭配，以增强植物群落的层次性和多样性。

景观规划。村口景观中北片村庄入口位于葛黄公路上，结合公共建筑、小品、广场、河流形成丰富多姿的村口形象；南片村庄入口在纪圩路上，主要形成一河一路的景观，突出幽静、自然的田园风光。滨河景观设计在满足防洪和排水要求的前提下，对现有水塘、河流进行合理的整治、疏浚、沟通。结合现有河流、池塘进行水绿空间的塑造，创造村庄内部品质较好的休闲活动区域，通过滨河小路、拱桥、绿带、公共建筑的建设起到丰富沿河空间特质的同时，保证公共活动空间的共享性，塑造富有水绿特色的村庄景观。道路景观设计保留村庄现有主干道，规划主干道路面为水泥路面，宅前路采用水泥路面与其他铺装路面相结合的方式，与路灯、行道树形成村庄道路景观。

环境设施小品设计。在公共活动区、庭院绿地、滨河绿带布置环境设施小品，包括铺装、栏杆、花坛、园灯、桌椅、小雕塑、宣传栏以及设计新颖的废物箱等，设计力求统一协调，为村庄景观环境的建设起到画龙点睛的功效（图3-3-21）。

村庄建设应与城镇发展相协调，优先促进长期稳定从事"二产""三产"的农村人口向城镇转移，合理促进城市文明向农村延伸，形成特色分明的城镇与乡村的空间格局，促进城乡和谐发展。村庄建设既要因地制宜，保护耕地，节约用地，充分利用非耕地进行建设，紧凑布局村庄各项建设用地，集约建设，同时也要保护当地的特色文化，尊重健康的民俗风情和生活习惯，保护村庄自然肌理，突出乡村风情，保护和改善农村生态环境，美化村容村貌，提高村民生活质量。

图
例　╍╍▶ 绿化景观带　　⌇⌇⌇⌇ 绿化隔离带
　　▷ 景观渗透　　●▬ 景观节点

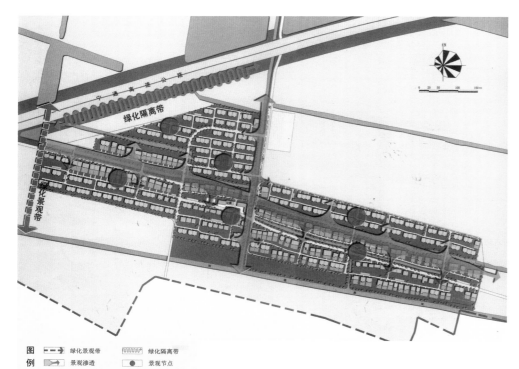

图
例　╍╍▶ 绿化景观带　　⌇⌇⌇⌇ 绿化隔离带
　　▷ 景观渗透　　●▬ 景观节点

图 3-3-21　绿化景观图
Figure 3-3-21　Landscape map

3.3.6 陕西省洪庆山风情小镇
Hongqingshan Featured Town,Shaanxi Province

　　陕西西安洪庆山风情小镇实例方案是西安灞桥区为安置生态移民和农民而规划设计的，是政府工程，由西安中国建筑西北建筑设计研究院文化与教育建筑研究中心做概念规划方案。

　　洪庆山风情小镇一期，有安置户也有农家乐（农民出部分费用）。首先规划紧紧围绕东部生态新城建设，融合扶贫开发、生态环境保护及生态旅游开发，转变群众生态生活方式以改善民生，做靓灞桥生态特色和风韵。其次在充分利用洪庆新型社区区域外围环境的基础上，做出功能分区、用地布局、交通组织、基础设施配套（图3-3-22）、绿化景观设计、环境保护等宏观规划和控制，对景观外围景观风貌提出控制性要求，再有注重区域文化特色的传承，对局部重点地区进行设计，探讨建筑风格、绿地小品等设计要求。最后争取一次性规划、分期实施的方式方法进行建设，定出分批建设内容，充分考虑其生态环境。

　　规划空间组合的结构分析，归纳为六心、六带、六片区，点线面有机融合为整体，各功能片区由鸿儒峪观景区、始祖文化展示区、温泉度假区、社区公共服务区、种植体验区六个功能区组成，形成了一个有机整体，相互交错，有利于小城镇的持续发展。

　　农村住宅是广大农民最基本的生活生产场所，直接反映

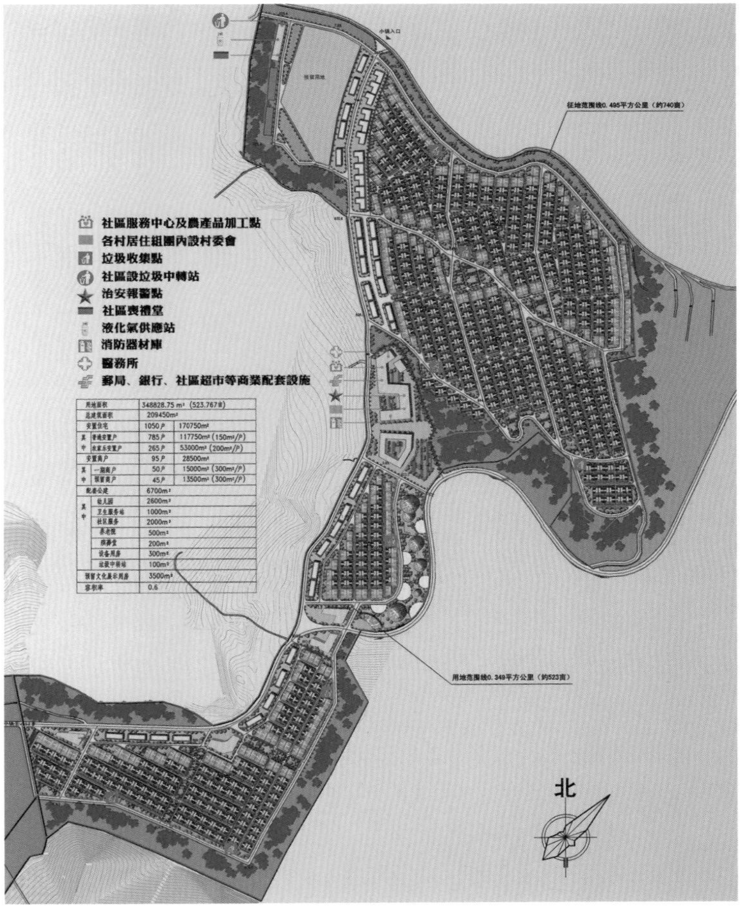

本节内容由西北建筑设计研究院李子萍提供。

图 3-3-22　服务设施分析
Figure 3-3-22　Service facility analysis

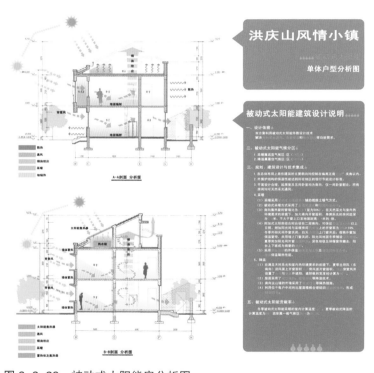

图 3-3-23 被动式太阳能房分析图
Figure 3-3-23 Analysis map of passive solar energy house

了农民的生活水平，农村住宅的设计可以纠正过去那种布局分散、平面功能关系混乱、相关设施不配套的状况。设计的理念是"以人为本，以环境为中心"，注重节能、节材、节水、采暖、抗震灾害等，密切符合实际，考虑自身条件，坚持适用、经济、美观、安全、卫生、方便的原则。具体设计考虑建筑结构、通道、庭院、围墙、门户、卫生设施、畜禽圈设施等家庭生产生活设施，保持了传统的院落，使之成为一种新型现代空间院落。住宅使用传统风格，运用坡屋面、垂花门等符号，且建有屋面露台，建筑空间相互穿插，或用白墙面，或用灰砖墙面，形成有传统特色的新建筑。门窗则用赭色框料，是一种新的创意。

在沿街通道上布置商户，使之成为农民赶集的地点，建有游客广场，有始祖文化、儒风、民风等风格，各具特色，给人们提供活动的集聚点，是一种交往空间。

基础配套设计注重环保策略的要求，也作为规划内容。设计用两户和多户联排组合成单元，考虑到当地的气温变化，在 240 毫米厚砖墙外贴上 60 毫米厚聚苯保温板，使传热系数大大降低。屋顶加强保温，采用 150 毫米厚聚苯板，上卧铺小青瓦。采用塑钢门窗，双层中空玻璃。设计时采用适当地增加南墙的开窗面积、减小北墙的开窗面积等措施，来综合达到保温节能效果。供暖方式可采用以太阳能采暖为主，辅以薪柴或电加热的方式，也可利用地热换热供暖方式。太阳能系统还可以在夏季提供生活热水。太阳能集热器嵌入小青瓦屋面中，与屋面结合成一体（图3-3-23）。

在给水方面采取自备水井解决生活供水。雨水采用浅明沟排放，浅明沟系统在平时可引入溪水，形成景观水系。生活污水经化粪池处理后，排入沟谷人工湿地，利用山势高差自动循环处理，达到净化效果，人工湿地还可作为生态景观。在整个小镇规划中利用农村电网供电，设置幼儿园、六班小学，设置社区服务中心及农产品加工点、村委会、治安报警点、消防器材库、医务所、邮局、银行、社区超市等商业配套设施。

双联排住房设计体现了农户的需要（图3-3-24）。

图3-3-24　农家乐户型透视图
Figure 3-3-24　Perspective of farm-stay house type

3.3.7 四川省腾达镇规划设计
Tengda Town Planning,Sichuan Province

四川省腾达镇隶属于筠连县，位于四川省南缘，云贵高原北麓，川滇两省结合部。筠连县境东接宜宾市珙县，北接宜宾市高县，南与云南省彝良、威信县毗邻，西邻为云南省盐津县。

根据区域特色，以及腾达镇下属各村落基本的社会、人文、地理、历史等条件，规划在整合区域发展空间的同时，以第一产业为依托，发展相关旅游休闲产业，并确定联合发展概念，规划设计腾达镇春风综合体。腾达镇春风综合体西面距县城5公里，东至腾达镇政府所在地约7公里，交通便利，区位优势明显。春风综合体以春风村为中心，联合邻近的4个村庄共同组成（表3-3-5），总面积为26.38平方公里。

春风综合体规划对旅游产业的布局、农村住宅的现状、地区的地形地貌、高程、坡度等等做出认真的分析，这有利于组织新农村成为宜居地（图3-3-25 ~ 图3-3-28）。春风综合体建设联合昌水村、水茨村、春风村、千秋村村落规划，以花、果、茶产业一体化、规模化为基础，建设集生产、生活、服务等多功能的有机组合体。结合区域环境综合整治，打造富有地区特征的乡村旅游观光文化，通过发展乡村游，完善相关产业链条，提高农民文化素质和乡村文明风貌。

表3-3-5　各村规划户数和建设用地
Table 3-3-5　Planning households and construction land of individual village

序号	村名	新村点	规划户数	新村建设用地
1	冒水村	大地新村	122 户（现状 16 户，规划 106 户）	3.49 公顷
2	水茨村	水茨坝新村	149 户（现状 6 户，规划 143 户）	4.19 公顷
3	春风村	三块田新村	42 户	1.06 公顷
4		田家庆新村	80 户（现状 23 户，规划 57 户）	2.25 公顷
5	千秋村	水坪新村	29 户（现状 2 户，规划 27 户）	0.77 公顷

本节内容由四川省城乡规划设计研究院提供。

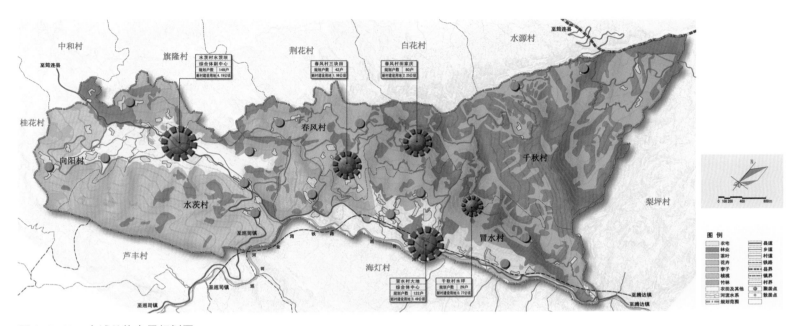

图 3-3-25　全域总体布局规划图
Figure 3-3-25　Regional master map

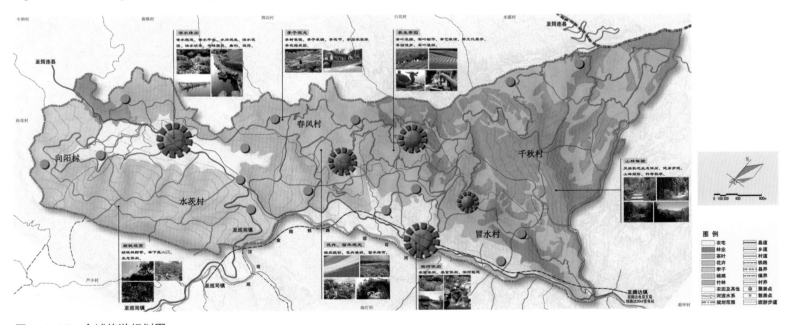

图 3-3-26　全域旅游规划图
Figure 3-3-26　Regional tourist planning map

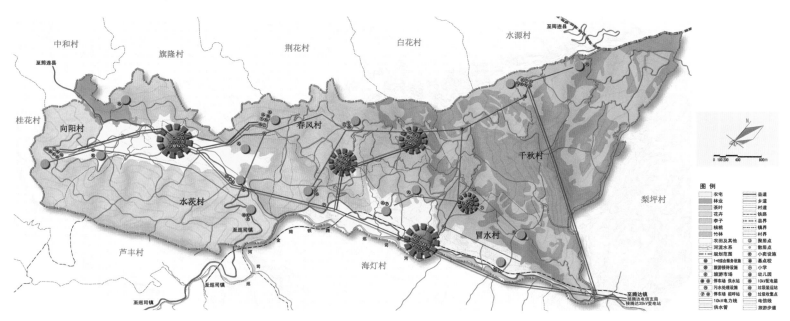

图 3-3-27　全域设施规划图
Figure 3-3-27　Regional infrastructure planning map

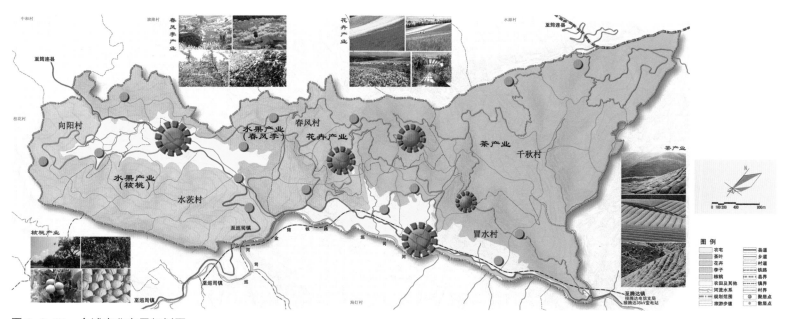

图 3-3-28　全域产业布局规划图
Figure 3-3-28　Regional industrial layout map

3.3.8 江苏省岔河镇总体规划
Master Planning on Chahe Town，Jiangsu Province

中心镇建设是推进新型城镇化的有效扒手，按照"全面繁荣农村经济、加快城镇化进程"的要求，坚持城乡社会经济统筹一体化、城乡空间一体化的原则，实现城、镇、村协调发展，实现城乡基础设施和公共服务设施的共建共享。全面建设小康社会，促进农业现代化，加快农村社会经济发展和增加农民收入，提高城乡公共服务和民生保障水平，推进市级中心镇建设是未来城乡建设的重点之一。在这个背景下，岔河镇作为国家级重点镇，无论在政策扶持还是自身发展上都将面临新的机遇和挑战。

岔河镇位于江苏省南通市如东县中部偏南腹地的平原地带，东经120°55′，北纬30°21′；东邻马塘镇，南接新店镇，西靠双甸镇，北通洋口镇。距南通市区57公里，距县城掘港镇27公里，北距洋口国家级中心渔港12公里，西距如皋市12公里。岔河镇在如东县城镇体系布局中，处于中心镇地位。岔河镇水陆交通便捷，区位优势独特，省道新S334、新S225线在此交叉，九洋运河和如泰运河在此汇合，并全境通过岔河镇，使岔河镇成为呼应南北、承接东西的交通枢纽和商贸流通中心。

近年来，岔河镇经济发展一直保持着快速的增长态势，尤其是S334、S335区域交通条件的优化，使岔河镇的综合经济实力得到显著增强，地区生产总值2009—2012年年均增长率为13.29%，高于全县年平均增长率，岔河镇产业结构也在不断优化。

岔河镇作为如东县域南部轻工制造产业组团的核心，坯布织造业中心，机械及铁链、文体器材等制造业基地，第二产业保持了较高比重。相对于第一产业、第二产业的稳定增长，第三产业发展势头较为迅速。随着交通区位条件的优化，以及以岔河商贸集聚区、银河纺织品商贸物流集聚区为代表的现代服务业聚集区的发展，第三产业发展速度加快，占的比重逐渐增加。

岔河镇域总面积为14163.65公顷，其中建设用地面积2097.51公顷，占镇域总面积的14.81%；非建设用地12066.14公顷，占镇域总面积的85.19%。2012年，岔河镇辖22个行政村，镇域年末总户数28283户，总户籍人口82414人。镇域农村居民点基本以沿河、沿路分布为主，村民住宅以二层小楼为主，一般为独门独户，户均占地面积较多。2012年，岔河镇现状建成区面积约5.27平方公里，城镇建设用地395.34公顷，人均建设用地116.14平方米，岔河镇域村庄建设用地1377.69公顷，人均建设用地约272.2平方米。岔河镇域范围内基本为平原地带，地势平坦，区内河网纵横，交通通达，因此，岔河镇域村民点分布分散，现状村庄基本上随农田沿河、沿路分布。 近年来，随着岔

本节内容由南通市规划建筑设计院提供，南京林业大学陈逸帆、周意整理。

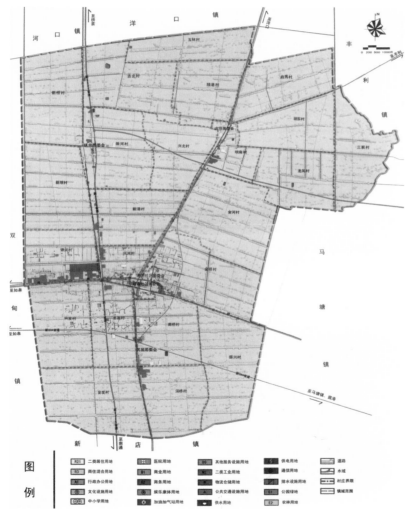

图 3-3-29 城乡用地现状图
Figure 3-3-29 Existing land use map of city and countryside

河镇城乡统筹步伐的加快，区域交通条件的不断优化，新S334、新S225、S355等区域重要的公路干线的建设，对部分零散居民点拆迁集中安置，逐步推动了村民居住的集聚化，出现了部分新型农村居民点。但是，目前岔河镇现有的新型农村居民点规模还比较小，村庄设施配置不完善，发展也不平衡，需要进一步推动新型农村居民点集聚发展（图3-3-29，图3-3-30）。

1）经济发展规划目标和策略

针对岔河镇的现状特点，岔河镇总体规划确立发展目标为：遵循"城乡统筹"的战略思想，推进新型城镇化建设和社会主义新农村建设；充分利用交通优势和地缘优势，优化产业结构、完善城镇的服务功能，扩大对如东县域南部的影响力，建设成为如东县域南部地区重要的综合性中心城镇。并制定区域协调发展、产业集聚发展、新型城镇化发展、社会事业协调发展、可持续发展和城乡统筹发展战略。

区域协调发展战略。岔河镇的发展离不开周边区域，需要依托长三角中心城市上海、南通及如东县城的辐射带动，同时岔河镇作为县域南部沿路区域的核心，应加强与周边城镇人流、物流、资金流和信息流的有效流通，有效利用区域资源，合理进行区域定位，加强与周边地区的协调发展，实行符合自身特点、发挥比较优势，即有竞争、有合作的区域协调发展战略（图3-3-31）。

产业集聚发展战略。在对岔河镇经济发展水平、自身优势及外部经济环境分析的基础上，按照确定发展目标，未来岔河镇经济发展的战略思路为：以支柱产业、传统产业为基础，加快工业化进程；以高新技术产业、现代服务业为突破，加快产业优化提升；加快基础设施建设，改善投资环境；推进产业基地规划，实现产业集聚；加大招商引资力度，形成发展龙头；依托优势区位，积极发展现代都市农业。

新型城镇化发展战略。城镇化发展是当前社会经济发展的必然，是带动经济增长的有效载体，是实现现代化的必由之路。城镇化与经济的发展是一种互动的关系，城镇化会影响经济的发展，经济的发展又会带动城镇化。采取的具体措施为：以产业化发展推动城镇化；加强"以人为本"的镇区建设；吸引外来人才，通过发展教育，提高人口素质，广纳人才。

社会事业协调发展战略。深度挖掘具有岔河特色的传统文化，培育具有时代精神的现代文明；进一步优化社会环境，完善岔河镇社会保障和公共服务体系建设，推进民主法制建设，提高全镇居民的生活品质和幸福程度，构建平安、和谐的社会环境。

可持续发展战略。城镇的可持续发展必须以环境的可持续发展为前提和保障。实现城市生态的良性循环是环境建设的宗旨。岔河镇在发展建设过程中应该注重节约资源、保护环境，使经济和社会发展建立在科技不断进步、资源永续利用、生态平衡、环境优美的基础上，把发展的速度和环境可

图 3-3-30　城乡用地规划图
Figure 3-3-30　Proposed land use map of city and countryside

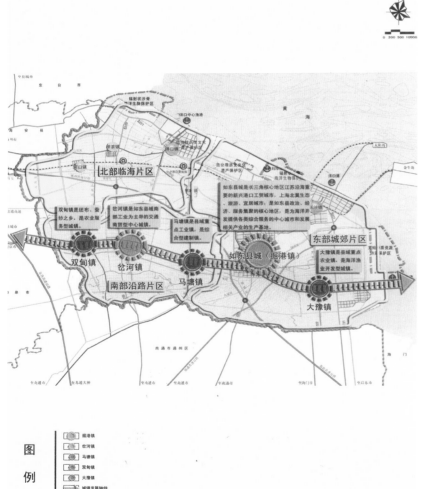

图 3-3-31 城乡区域协调分析图
Figure 3-3-31   Urban and rural regional coordination analysis map

承受程度有机统一起来。

城乡统筹战略。把加快新型城镇化作为加快现代化、建设新岔河的首要任务，丰富城镇内涵提升城镇功能，加快老镇区改造步伐，不断增强城镇的集聚辐射能力。坚持以镇带乡，推进城乡规划、产业布局、基础设施、公共服务、劳动就业一体化，促进生产要素向农村流动，促进公共服务向农村覆盖，促进现代文明向农村传播。

2）空间结构规划

岔河镇总体规划内城乡将整合发展，最终将形成 1 个中心镇区、3 个新型农村、21 个村庄的空间结构（图 3-3-32）。

中心镇区位于镇域内中部偏南，集中了全镇最主要的公共设施和基础设施以及主要的供工业用地。作为整个县城城镇体系的重要城镇发展空间节点，中心镇区也是如东未来发展的重要功能区和承载体，是如东县南部片区的区域中心，通过集聚与规模扩张，发挥对周边城镇双甸、马塘、新店的辐射和带动作用，推进县域农村社会经济发展和县域城镇化进程。

古坝、岔南、岔北三个村庄规模较大、区位较好、产业基础好，具有一定的配套设施和农业服务设施，规划形成规模适中、设施齐全、能带动镇域北部和南部地区经济社会发展的新型农村社区。

根据村庄规模、资源特色、发展水平，加强村庄建设，形成职能明确的村庄功能体系。

（1）旅游型村庄。

结合村庄住宅新建、改建设置旅游接待功能，建设乡村旅馆、农家餐厅等乡村旅游服务设施。具有旅游服务功能的新建住宅宜沿湖布局，应加强滨水地区的公共性与开放性，注重滨水空间的塑造。

（2）种植型村庄。

加快先进技术的应用与推广，大力发展科技农业，设置高效设施农业、特色农业示范区，加强与旅游型村庄的合作，为发展观光农业提供支撑。村庄应紧凑布局，可集中设置农产品加工厂。

（3）养殖型村庄。

加强与旅游型村庄的合作，发展垂钓、特色水产食品制作等渔业体验旅游项目，注重水产养殖污染治理，保护生态水环境。

（4）产业型村庄。

农村工业在农业发展和农村各方面的建设中，尤其是在加强农业生产的基础设施，完善社会化服务体系，活跃农村经济，加速农业现代化等发挥重要作用。大力发展村庄手工业、加工业，发挥村庄原有的工业产业基础，选择基础设施条件较好、交通便利的区域集中布置，并与村庄适当隔离。

3）产业布局规划

（1）第一产业

高效设施农业。落实农业发展政策，坚持农业产业化、

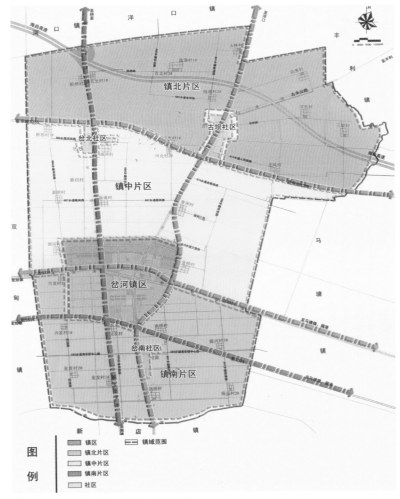

图 3-3-32 城乡空间结构规划图
Figure 3-3-32 The spatial structure of urban and rural planning map

规模化、现代化的发展方向，依托万亩良田高效设施农业园区、林果种植基地、蔬菜花卉种植基地等重要的农业生产载体，进行精细化经营，积极发展绿色无公害农产品、中高档花卉、新品苗木等有机农业，提高农业产出效益。

优质粮油产业。以江苏金太阳油脂、岔河油米等龙头企业为依托，增加投资，引进新技术新设备，进一步开发大米的新产品，搞好大米的深加工，同时建立绿色稻米开发、生产与经营加工融为一体的系列化服务体系。

生态畜禽产业。依托龙凤养殖场、大壮养殖场、巴大饲料、新希望集团等为龙头，发展生猪养殖基地 500 亩；以南通新天地畜禽有限公司、陆港畜禽专业合作社等为主体，发展 500 亩蛋鸡、肉鸡养殖基地。

高效经济林果产业。规划种植桃 300 亩、梨 4000 亩、葡萄 500 亩、草莓 200 亩，分别位于金桥村、古北村、南桥村、兴河村等。

休闲观光农业。加强产业融合发展，最大限度地发挥岔河镇农业观光旅游、休闲娱乐和生态效应等方面的综合性效应。以兴北村的在水一方生态园项目为起点，着重发展以农业观光、乡村旅游为主的现代休闲农业。丰富农业经营形式，积极营造农业休闲文化，扶持、引导农家乐发展，强调参与性、娱乐性及绿色发展，提高农民收入。

（2）第二产业

优化提升传统产业。结合岔河镇相关的产业发展政策，逐步搬迁或淘汰一些效益较低及不符合环境政策的低端产业，保留设计研发、管理等核心环节，在现有竞争优势基础上，通过基础提升、空间布局整合等途径进一步提升铁链加工、纺织服装、粮油饲料等特色产业，注重向高端产品制造和研发方向发展。

培育新兴产业。利用岔河镇的交通区位优势，发挥龙头企业带动效应，细化产业分工，做大产业链，扩张产业影响，积极拓展新型电子信息产业、新材料产业和生物医药科技产业等新兴产业；按照发展产业集群的要求和市场化运作的原则，促进产业规模化、集聚化、集约化，以现代制造业发展为导向，不断提高综合竞争能力。

（3）第三产业

现代物流业。充分利用新S334、新S225及岔河镇优越的交通区位优势，以银河物流为核心，打造银河商贸物流现代服务业聚集区，形成各类物流资源向西南方向物流通道集聚的物流带，以搭建公路物流集散平台和物流信息平台为主要载体，以纺织品棉纱坯布和高附加值农副产品为内容的冷链物流及中转加工与配送等相关的物流业。

市场商贸业。按照岔河镇中心镇区的定位，以现代化农贸中心、大型超市、现代城市综合体等新型业态提升岔河镇市场商贸发展层次，打造岔河镇区商贸聚集区，以市场商贸业的繁荣促进其他服务业的全面发展，强化对双甸、马塘、新店等地区的辐射带动作用和服务功能（图3-3-33）。

图3-3-33 城乡产业布局规划图
Figure 3-3-33　The urban and rural industrial layout planning map

3.3.9　江苏省常乐镇总体规划
Master Planning on Changle Town，Jiangsu Province

实施中心镇建设是南通市委、市政府为推动城乡一体化建设和推进"两个率先"做出的重大决策，旨在通过各项政策扶持，把中心镇培育成为一定区域内产业集聚发展的集中区、城镇化进程中人口转移的承载区、体制机制创新的实践区和城乡一体化发展的示范区，成为经济社会全面发展的增长极、新引擎。海门市常乐镇，是南通市加快中心镇建设领导小组公布的首批市级中心镇名单之一。《南通市政府关于调整海门市行政区划的通知》，将海门下辖多个镇、村、街道进行区划调整。通知同意撤销常乐镇、麒麟镇，将原两镇所辖区域合并，设置新的常乐镇，这一举措，将给新常乐镇的发展，带来新的契机和动力。

常乐镇地处长江入海口北岸、海门市城区东郊，由原常乐、平山、麒麟三乡镇合并而成。全镇总面积98.17平方公里，总人口7.79万人，辖23个行政村、3个街道社区。常乐镇滨江临海，区位优越，地处我国黄金水道与黄金海岸的"T"字形结合点上，坐拥沿江和沿海两大经济开放带，与上海、苏南隔江相望。通过苏通大桥、崇启大桥到上海，仅需1小时。宁启高速、省道336线和2222线、王川公路、常久公路穿境而过。至海门市区仅10分钟，至苏通大桥、崇启人桥仅15分钟，至南通市区仅30分钟。

近年来，常乐镇经济社会发展突飞猛进，已成为长三角北翼率先崛起的明星镇。2012年，全镇实现地区生产总值40.83亿元，工业总产值111.93亿元，农业总产值5.95亿元，建筑业总产值250亿元，服务业增加值19亿元，财政收入4.38亿元，农民人均纯收入17118元，综合实力居海门市领先地位。

常乐镇地灵人杰，清末状元，我国近代著名实业家、教育家、慈善家、社会活动家张謇诞生于此。张謇一生创办了70多家企业、370多所学校，并在南通进行了中国近代史上的"早期现代化实验"，对我国民族工业、教育、文化、慈善、城市规划建设的发展作出了极其伟大的贡献。毛泽东同志曾说过，"讲到中国轻工业，不能忘记张謇"。

现状土地利用的演进遵循经济化原则，即土地利用方式由低收益用途转为高收益用途。主要体现为镇域范围内传统农业向现代农业、高效农业转换，非建设用地向建设用地两个趋势发展。尤其在城镇化发展迅速时期，各种类型产业用地增速较快。常乐镇镇域总用地为9817公顷，其中：建设用地2078公顷，占镇域总面积的21.17%；非建设用地7739公顷，占镇域总面积的78.83%。

1）区域协调的空间布局规划

常乐镇在长三角一体化发展进程加快的宏观背景下，应该继续发挥自身品牌特色和交通区位优势、资源优势，依托

本节内容由南通市规划建筑设计院提供，南京林业大学陈逸帆、周意整理。

长三角区域整体产业转移和升级带来的发展动力和潜力，融入长三角一体化发展的大背景下，共享机遇，优化产业结构，进一步提升发展水平。

江苏省沿海开发战略上升为国家战略，南通市是江苏沿海开发的重要区域。常乐镇的规划建设必须策应南通及海门的沿海、沿江开发策略，常乐镇紧邻海门城区，距离海门城区仅10分钟车程，属于近郊型城镇，因此常乐镇发展重点突出与海门城区在产业联动、公共服务设施、基础设施、旅游发展、观光与休闲农业等方面的协调。

结合上位规划的要求，常乐镇总体规划以区域协调为主导原则（图3-3-34），所谓区域协调包括以下内容。

（1）产业的协调。

常乐镇应立足本身的产业优势，在符合产业政策的前提下，与海门市区互动发展。主要发展为海门城区服务的相关产业，重点发展现代农业、休闲农业、旅游业等服务型产业，为海门市区乃至上海提供绿色生态的农副产品。同时作为海门市区休闲度假的后花园，在第二产业上重点发展新能源、新材料、精密机械等行业。

（2）公共服务设施的协调。

充分发挥常乐镇的近城优势，利用海门市区的优质教育、医疗卫生资源，对常乐镇的中小学、卫生院等公共设施进行合理布局。

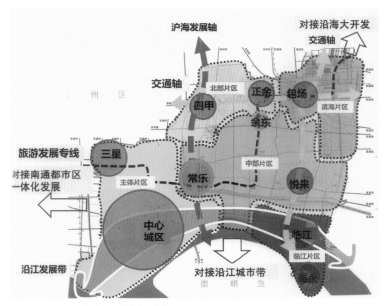

图 3-3-34　城乡区域协调分析图
Figure 3-3-34　The urban and rural regional coordination analysis map

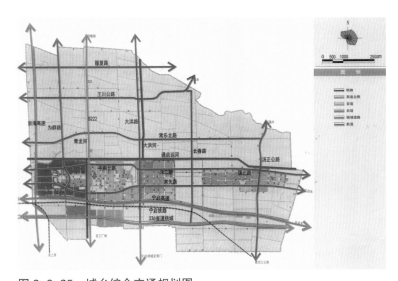

图 3-3-35　城乡综合交通规划图
Figure 3-3-35　The urban and rural comprehensive transportation planning map

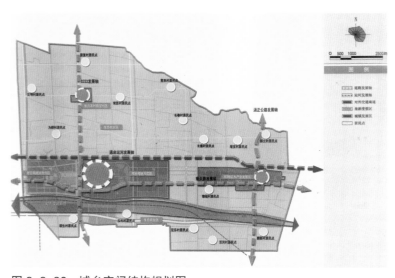

图 3-3-36 城乡空间结构规划图
Figure 3-3-36 The urban and rural spatial structure planning map

（3）交通的协调。

重点利用 S336 绕城的便利条件，建设 S336 绕城东延工程，从而对目前常久路上较大的交通流量进行分流，为将常久线改造为镇区主干路提供条件。同时建设 S336 绕城北延工程，作为常乐镇对外联系的主要出入通道，改变现状镇区对外联系不畅的面貌（图 3-3-35）。按照海门市交通规划，常乐镇域内有宁启铁路、宁启高速、崇海高速等对外交通设施。常乐镇应充分利用此优势，建立与海门北站的快捷交通，同时在宁启高速、崇海高速预留互通出入口。

（4）基础设施的协调，主要为区域供水的协调、污水排放的协调、电力工程和燃气工程的协调。区域供水主要管线布局在常久线、S222 和汤正公路上，在常乐、麒麟片区各设置一处供水增压设施；沿日新河西侧布置区域污水管线，主要收集四甲、常乐等镇的污水向南排往海门第二污水处理厂，在常久线与日新河交叉口处设施污水提升泵站；电力工程中 220 千伏常乐变电所是区域性的重要变电所，重点协调其进出线的布置，对高压走廊进行科学合理的布置，沿大洪河布置区域天然气管道。

2）城乡空间统筹的发展规划

分析常乐镇现状可知，常乐、麒麟老镇区规模较大，有一定产业基础，公共服务设施也较完善，而长兴社区相对较弱，因此形成"一主两副"的城乡统筹发展的空间格局和"一廊四轴六区多点"的城乡空间结构（图 3-3-36）。"一主两副"，即选择常乐、麒麟两个老镇区作为城镇发展空间，长兴作为新型农村社区。"一廊四轴六区多点"中，"一廊"即宁启铁路、宁启高速、S336 绕城形成的对外交通廊道，"四轴"即通启运河、常久路、汤正公路、S222 四条发展轴，"六片"即 2 个城镇发展区、1 个旅游度假区、3 个现代农业发展区，"多点"即多个农村居民点（1 个新型农村社区、15 个村庄居民点）。

对于乡村发展空间，主要选择通启运河以北建设生态农业，中部以官公岛现代农业区为核心建设以现代农业结合观光度假旅游的现代农业，宁启高速以南发展优质粮油作物区。

确立通启运河以北区域、S336 绕城以南区域和常乐城镇片区与麒麟片区的过渡地带共三大片区为现代农业发展区。将传统农业发展为现代生态农业，利用多样的农产品和丰富的季相变化配置各类蔬菜水果种植，以及利用现状丰富的水面进行特种水产养殖。功能分区主要有生态农业示范区、粮油作物优质高产区、良种禽畜养殖区、特种水产养殖区、果园采摘种植区、菌类作物水产区等。形成官公岛旅游度假区，以官公岛现代农业示范园为核心，将现代农业与度假观光相结合，同时连接东部的颐生酒厂老街，打造成为南通地区"规模最大、档次最高、效益最好、环境最优、配套最全"的国家级现代农业示范园区，同时发挥好现代农业科技成果转化平台、优质农产品生产基地、农业旅游休闲乐园、海门乃至南通农业农村形象展示窗口四大功能。

新型城镇化，就是要建设宜居宜业的城乡一体化环境，就是要积极推进城乡规划一体化、城乡产业一体化、城乡资源配置一体化、城乡基础设施一体化、城乡公共服务一体化、城乡生态文明一体化，以人为本，走集约、智能、低碳、节能、生态的新路。贯彻可持续发展的战略，运用生态学和城市规划科学原理，指导城乡社会、经济、生态协调发展，统一规划，综合建设，以较低的资源代价换取较高的经济发展速度，建设人、环境与经济协调发展的生态型城乡一体化发展格局。

3.4 农村乡土建筑特色及村落保护
Characteristics of Rural Vernacular Architecture and Village Protection

3.4.1 乡村历史建筑特色
Characteristics of Rural Historic Buildings

村落有两种，一是自然村，一是行政村。自然村是我国农村地区的自然聚落，行政村是我国行政区划体系中最基层的一级。

一个行政村包括几个到几十个自然村不等。我国村落分布不均，江南地区人口密集，村落分布也密集。许多地方的行政村和自然村是重叠的。

记得1950年代，我曾到过山西侯马，那里的民居多以土坯砌成的墙用来做防护，从远处看像是一个个炮楼。方墙中央冒出树冠，冬天时节枯树、寒鸦，不免有些沧桑。

1）云南民居

在云南山村，则是一幢幢"一颗印"的民居，也是四面围墙，中间为院子，有一进或二进院落（图3-4-1）。云南民居也是我国建筑艺术的瑰宝，其很多宝贵的资料收录在刘敦桢的《中国住宅概说》中。《中国住宅概说》一书可谓新中国成立以来最早的关于住宅风貌特色的著作。

2）福建民居

福建较大型的民居则四周有通道，而内采光利用一处小小的天井和一线天的廊檐，入口处设有暗门和防盗的设施，墙上有隐秘的洞口。福建的民居甚至建成堡楼，四五层楼高，四边斜角设楔形枪口，用于防卫。

1970年代，厦门地区建造了许多海外华侨的住宅。海外华侨们带来的南洋建筑风格的洋楼，融合了地区的建筑特色，十分绮丽。当年路过时，杨廷宝老师曾嘱咐我记下那个地点的公路号，他说："下次还要来。"可见他对当地民居建筑的赞赏。风格独特的福建民居建筑和建筑群，宽大的出檐使檐下空间非常美丽。有时屋顶上压上40余厘米宽的石板，其余地方则是普通明瓦，显示了福建人民的大胆和独创。福建民居二楼出挑的回廊也不拘章法，收放自如。在我看来，福建民居并不具有世界先进的建筑技

图3-4-1　昆明"一颗印"民居
Figure 3-4-1　Kunming "a printing" residence
图片来源：http://blog.sina.com.cn/s/blog_5d3bfd3401
00f23j.html.

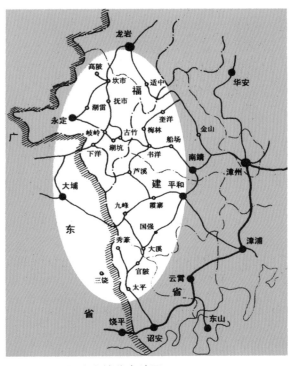

图 3-4-2 福建土楼分布地区
Figure 3-4-2 Location of "earth building" in Fujian
图片来源：戴志坚. 福建民居 [M]. 北京：中国建筑工业出版社，2009.

术水平，但是它是从"土"中"长"出来的建筑，不也原生态吗？在闽中、闽北，那时还有少量土坯墙，沿着河岸的坡度叠落，在长长的坡中断开一段，以防止水流过大冲刷墙体，这些土坯墙衬托出民居建筑的独特风格。福建人民对木料的使用也达到极致，木梁柱符合力学的原则，木梁高度很高，所以出檐很大。我们设计武夷山庄时，就领会到这一点。能工巧匠是地方建筑的创造者，惜乎而今的建筑技术发展，反而使能工巧匠们渐渐消失了。在福建沿海的惠安，老百姓大量使用石料，石雕最为出名，建筑采用匾长的石料筑墙体、楼板、楼梯，可谓这是中国唯一主要用石料建造建筑的地区。

福建民居中土楼最有特色。土楼的形成与历史上中原汉人几次著名的大迁徙相关。福建土楼所在的闽西南山区，正是福佬与客家民系的交汇处，地势险峻，人烟稀少，一度野兽出没，盗匪四起。聚族而居既是根深蒂固的中原儒家传统观念的要求，更是聚集力量、共御外敌的现实需要使然。福建土楼适应聚族而居的生活和防御的要求，巧妙地利用了山间狭小的平地和当地的生土、木材、鹅卵石等建筑材料，是一种自成体系，既具有节约、坚固、防御性强的特点，又极富美感的生土夯筑高层建筑类型。

土楼分布在福建省北、中、南部，最主要分布在南部的永定和闽南的平和、南靖、诏安等地，其中有46座土楼入选为世界文化遗产（图3-4-2）。福建土楼不只是最常见的圆形土楼，还包括了方形土楼、交椅形土楼等（图3-4-3）。

"高四层，楼四圈，上上下下四百间；圆中圆，圈套圈，历经沧桑三百年"，这段顺口溜能形象描绘永定高北承启楼这座"土楼之王"（图3-4-4~图3-4-9）。

承启楼坐落在福建省永定县高头乡高北村，依山傍水。这里有数十座大大小小、或圆或方的土楼，错落有致高低起伏。承启楼是江氏族宅，从内环到2、3、4环，经过三代人83年的努力，直至清代康熙四十八年（1709年）才得以竣工。

图 3-4-3 福建土楼
Figure 3-4-3 The "earth building" in Fujian
图片来源：百度百科

图 3-4-4 承启楼平、剖面
Figure 3-4-4 Plan and section of Chengqi building
图片来源：戴志坚

图 3-4-5 永定承启楼
Figure 3-4-5 Yongding Chengqi building
图片来源：百度百科

图 3-4-6 中心祖堂
Figure 3-4-6 Central ancestral hall
图片来源：胡长涓摄

图 3-4-7 中心祖堂与第二环之间
Figure 3-4-7 Space between central ancestral hall and the second ring
图片来源：胡长涓摄

图 3-4-8 第二环与第三环之间
Figure 3-4-8 Space between the second ring and the third ring
图片来源：胡长涓摄

图 3-4-9 第三环与第四环之间
Figure 3-4-9 Space between the third ring and the fourth ring
图片来源：胡长涓摄

承启楼整个建筑占地面积为 5376.17 平方米，直径 73 米，外墙周长 1915 米，走廊周长 229.34 米。全楼为三圈一中心：中心祖堂为全楼核心，歇山顶，雕梁画栋，供族人议事、婚丧喜庆等活动用；第二圈为单层，设 34 开间，作为书房；第三圈 2 层，每层设 40 个开间，底层为客厅或饭厅，楼上为饭堂；外圈 4 层，高 16.4 米，每层设 72 个房间，底层为厨房，二层为谷仓，三、四层作卧房，东西各两步楼梯，底层和二层不开窗，底层外墙厚 1.5 米，顶厚 0.9 米，呈稳定的倾角。全楼共有 402 个房间，3 个大门，2 口水井，现居住 300 余人。

3）湖南民居

湖南民居地处山区，现在保存有相当的数量，但因地区封闭，研究者不多。提起湖南民居，人们会很自然地联想到电视剧《湘西剿匪记》镜头下的山村，明显的气候、地形、地貌条件下的建筑独具特色，其拍摄地关田山苗寨不愧为美丽乡村之一。湖南东、西、南三面为山，北面为平地和湖泊，而中部为丘陵地带。湖南的民居中湘西吊脚楼最为美丽，其他地区的民居大都为院落式。湖南是多民族聚居地区，境内有苗族、土家族、瑶族、侗族等少数民族，各少数民族聚居地的建筑具有地区和民族特色，砖木结构，以木、石与青砖组合建造。

湖南岳阳县以东渭洞盆地中有一处名为张谷英村的古村落，被誉为"民间村宫"。相传明朝洪武年间江西人张谷英沿幕阜山脉西行至渭洞，见这里自然环境优美，顿生在此地定居的念头，便择地大兴土木，繁衍生息，张谷英村因此而得名。张谷英村现存建筑群建于明嘉靖年间，住有 600 多户 2000 余人，均为张氏后人，是由血缘关系而组成的村落。张谷英村的建筑群主要由大门、厅堂及天井组合而成，可以说，整合建筑群就是由若干

图 3-4-10　张谷英村
Figure 3-4-10　Zhangguying village
图片来源：湖南大学建筑与城市规划学院

"井"字组成的。梁间、柱头、格窗、隔屏、门楣、挂落等细部都做工精美，空间相互穿插，具有明显的地方风格（图 3-4-10）。

湖南南部永州市江县城西南 35 公里处，还有一处名为兰溪村的古村落，始建于明洪武年间。兰溪村位于四周群山环抱的谷地之中，占地约 6 平方公里，住有 2000 余人。由于山谷中交通不便利，所以兰溪村村落文化得到良好的保护。兰溪村的建筑因使用当地含有铁的材质而带有红色，所以十分美。其细节的装潢用莲花、梅花、牡丹等雕刻，精致玲珑，反映了当时人们对美的爱好，也留下了瑶族与汉族相互交融的文化印记（图 3-4-11）。

谭嗣同故居位于湖南浏阳市北正路，始建于明末，为谭嗣同祖父的私邸。谭嗣同是近代著名政治改革家和主张君主立宪的著名人士，被光绪帝授予四品军机章京参与戊戌变法和新政，变法失败后被杀，是"戊戌六君子"之一，谭嗣同故居于 1996 年由国务院颁布为全国重点文物保护单位，它也是湖南省爱国主义教育基地。现存建筑清秀典雅，有 780 平方米，保存了其主体结构，1998 年得以修复并对外开放，目前故居保存完好（图 3-4-12）。

图 3-4-11 兰溪村
Figure 3-4-11 Lanxi village

图片来源：自摄

图 3-4-12 谭嗣同故居
Figure 3-4-12 Former residence of Tansitong

图片来源：http://blog.sina.com.cn/s/blog_4b19c221
0100bz3v.html.

4）潮汕民居 [1]

潮汕地区主要包含今潮州、汕头、揭阳和梅州市的丰顺县地区。该区域位于广东省东部，与闽南地区接壤。从西晋永嘉之乱至宋元两朝，以山西、河南为主的北方汉族持续向南方迁移。一部分移民取道江西直接落籍潮汕地区，称为"河佬"，另一部分移民则在福建停留，后继续南迁至此，称为"福佬"。潮汕地区三面环山，一面朝海，地处偏僻，交通闭塞，远离中原政治权力中心，战乱较少，社会相对稳定。因而大量中原汉族文化得以保留和发展，从而形成了一种独特的地域性亚文化。学界对潮汕民居的研究成果较多，但鲜有关注潮汕传统聚落形态的研究。

潮汕传统聚落特征简要概括如下：

聚族而居，聚落的建设存在一定程度的规划。聚落选址多临水而居，为了更好地利用水资源，往往进行引水规划。通过持续的水利建设，形成聚落外围的环绕水系（护城河）。

风水文化盛行。聚落朝向不一定拘泥朝南方向，而更注重背山面水、避开主导风向等。例如濠江凤岗村，聚落中有三个主导朝向。据研究，其中两个次轴线由其背靠风山的两个山峰控制，主轴线则由濠江对岸的青云岩主导。又如，泗河村桥东，建筑朝向与水系垂直，面西布置（图3-4-13）。

风水文化深入到潮汕人民的日常生活。建筑的方位、出入口的位置、开窗、厨房甚至家具的布置都被风水之说主导。例如民居中有金、木、水、火、土五种厝角头，根据屋主的生辰八字、五行来选择（图3-4-14）。

聚落形态深受族权和神权意识的影响。从北方举族迁徙的大家望族，非常重视自己的家族历史和文化传统，也奠定了潮汕地区重视宗族血缘关系的历史基础。"望族营造屋庐，一定先建立家庙" [2]。宗祠通常坐落在聚落的中心，体量最大，装饰尤为富丽堂皇。由于宗族繁衍，支系分化，形成宗祠、支祠多座共存的状况，数系祠堂并列的情况也较普遍。同时，民间信仰风气浓厚，表现为庙宇种类、数量很多，如妈祖庙、三山国王庙、土地庙等，多布于聚落周边。妈祖信仰从另一个角度证明福建地区的闽文化对潮汕地区的影响。以濠江凤岗村为例，村内共有4座祠堂，分别为怀德堂（祖祠神山）、尊亲堂（祖祠平湖）、报本堂（宗祠）、永思堂（宗祠），以及多间庙宇（图3-4-15）。

聚落外围通常有防御用的城墙堡垒（图3-4-16，图3-4-17）。根据梳理历史资料，推断明末清初，海盗倭寇猖獗，潮汕人民聚族而居，兴建堡垒武装自卫以御敌。村寨的形成

1　潮汕民居内容由顾媛媛提供。
2　黄挺. 潮汕文化源流 [M]. 广州：广东高等教育出版社，1997：36.

图 3-4-13　潮南泗河村
Figure 3-4-13　Chaonan Sihe village

图 3-4-14　潮汕传统聚落中的风水文化
Figure 3-4-14　Fengshui culture of Chaoshan traditional settlement

图 3-4-15　濠江凤岗村的宗祠
Figure 3-4-15　Ancestral hall of Haojiang Fenggang village

图 3-4-16　泗河村桥东寨墙
Figure 3-4-16　Sihe village eastern wall

图 3-4-17　泗河村桥东寨门
Figure 3-4-17　Sihe village eastern door

图 3-4-18　蒙古包
Figure 3-4-18　Mongolian yurt

导致宗族势力强大，更强化了潮汕人的宗族观念[1,2]。

5）内蒙古民居[3]

蒙古游牧民族则有许多蒙古包，可惜至今已逐渐减少。

（1）蒙古包。蒙古族传统民居源于上古的游牧生活方式，不断迁徙中的蒙古包是民族智慧的结晶，它蕴藏着尊重自然并与自然和谐共处的朴素生存观。相对于其他民居而言，蒙古包独特之处在于自重轻、承重强、搭建迅速、拆装搬迁方便、构件模数化，是游牧文化生态下的理想建筑产物（图 3-4-18）。

蒙古包的建筑材料是草原上易得的细木杆、粗羊毛毡、牛毛绳和牛皮绳等。构成蒙古包的这些建筑材料都可以回收利用，从建造到废弃的全过程完全是生态的。

蒙古包是蒙古族游牧文化中生命活动和生活方式的集中体现，是游牧文明对自然生息规律的尊重，是"居无定所"的生活方式必然的形式选择。

蒙古包形态与草原之间具有有机共生的关系，它的体形因抗风需要而产生，其唯一的色彩——白色是草原上蓝天、绿草之间的纯洁的点缀。有了蒙古包和畜群，草原的自然景观过渡为一种怡情的人文景观。

（2）窑洞。呼和浩特市清水县河窑沟乡位于清水河县西南部黄河边上，距县城 35 公里，北邻王桂窑乡，西与准格尔旗隔河相望，东南与单台千乡接壤。全乡总面积 242 平方公里，南北长 31 公里，东西宽 8 公里。黄河流经窑沟乡 14 个自然村，后因万家寨水利枢纽工程建设，境内黄河水位上升，

1　孙大章. 中国民居研究 [M]. 北京：中国建筑工业出版社，2004；
2　陆琦. 广东民居 [M]. 北京：中国建筑工业出版社，2008.
3　本小节内容由张鹏举提供。

淹没窑沟乡 3 个自然村，

窑沟乡的窑洞院落外观轮廓刚劲，石材质感强烈，配以多个曲线拱洞，形成独特的建筑形态。

窑洞民居，取法自然，融于自然，适应气候和生活需要，既有利于环境保护，又有浓郁的乡土文化特征（图 3-4-19）。

（3）达斡尔民居。达斡尔族是内蒙古具有农业文化传统的主要古老民族之一，也是一个早期定居的民族。达斡尔族于 17 世纪中叶从外兴安岭以南迁至呼伦贝尔草原，创建了定居聚落，其三合院式院落结构与烟囱立于地面的土木结构房屋具有十分鲜明的民族特色（图 3-4-20）。

达斡尔族在村落的建设中，非常重视自然环境与水源的选择。

达斡尔族在住房的四周筑墙围成院落，形成典型的三合院院落空间。院子呈长方形，正房坐北朝南，位于院中南北轴线的最北端，是达斡尔族进行室内活动的主要场所；东西厢房分别布置仓房与磨房，用于储藏粮食和农具以及粮食加工。

传统的达斡尔族民居为土木结构，大多用草坯垒墙，也有用土坯的。整个房屋的骨架为全木结构。

（4）斜仁柱。古时即被称为"森林百姓"的鄂温克族、鄂伦春族先民在漫长的狩猎生活中创建了简易而实用的斜仁柱（图 3-4-21）。

斜仁柱又称"仙仁柱"，是鄂伦春人对这一居住形式称

图 3-4-19　窑洞
Figure 3-4-19　Cave dwellings

图 3-4-20　达斡尔民居
Figure 3-4-20　Daur vernacular dwellings

图 3-4-21　桦树皮围子的斜仁柱
Figure 3-4-21　Xierenzhu covered with birch bark

呼的音译。"柱"在鄂伦春语中是"房子"的意思，意为"遮住阳光的住所"。满族人把它称为"撮罗子"，后来形成斜仁柱的俗称。斜仁柱是北方狩猎少数民族鄂伦春族、鄂温克族原始的、可移动的居住形式之一。

鄂伦春人在搭建斜仁柱的时候，很重视对地点的选择。他们一般会在前有河流、背靠树林的向阳坡地建房，或者是选择位于半山腰的向阳地，也有的选择丘陵地带。这样可以充分利用自然条件，创造相对舒适的居住环境。

斜仁柱的形式是特定历史时期、特定自然环境的产物，它具有取材方便、建造迅速、设备简单和易于搬迁的特点。

斜仁柱建造时，首先搭建骨架，其次是覆盖围子，夏天多用柳木或苇子编织成帘子覆盖，冬天则用绒毛厚的狍皮鞣软后覆盖。最后搭门，门放在朝南或朝东的两根木杆之间，门高约 1 米，宽约 80 厘米。

一般而言，斜仁柱内部高度可以达到 3 ~ 4 米，底部圆形的直径为 4 米左右。但也可以依据季节、人口的不同、大小进行调整。内部空间在夏天时会较大，冬天会小一点。

（5）木刻楞。18 世纪初始迁入呼伦贝尔境内的俄罗斯族延续了其古老的住居形态——木刻楞，丰富了北方草原传统民居文化类型。

木刻楞是具有典型俄式风格和建造方式的一种纯木结构房屋。它的基本构造特点为用圆木水平叠成承重墙，在墙角相互咬榫，木头的榫槽用手斧刻出，有棱有角，规范整齐。

为迅速排除积雪，屋顶都是陡峭的坡顶（图3-4-22）。

木刻楞的总体轮廓为横向三段式构成，底部为敦实厚重的石质基础，在其上为圆木摞砌或板条的木质墙体，顶部为铁皮屋顶。

木刻楞在中国主要分布在内蒙古东北部、新疆俄罗斯族聚居的地方以及中东铁路的沿线（图3-4-23）。内蒙古境内的木刻楞主要分布在额尔古纳市俄罗斯族聚居的乡村以及满洲里等中东铁路沿线城市。

6）民居建筑类型

浙江民居同样具有很高的建筑技术水平，曾被业界学者们测绘，可惜很多在翻新过程中已面目全非。

西藏、四川的民居，特别是西藏的民居具有浓郁的藏式色彩，鲜丽而独特，和藏民的衣着色彩相匹配。

中国的民居特色鲜明，村落的形成根植于脚下的土地，与地区文化紧密相连，甚至建筑细部都表现出明显的地域文化特征，它们是建筑文化的一大财富。

中国民居的室内空间及院内空间等等也都有绮丽的形式和色彩，除此之外，山区河流上的桥廊、集市的戏台以及园林建筑更是丰富多彩。我们要进行总结、发扬和创新。

我国古村落的群体空间组合呈现出多样化，是在有序或者无序的有机增长中形成的。乡镇中心有多种空间组合，沿街的店廊使街道空间扩大，十字街头有时矗立着牌楼。江南水乡则有桥，沿码头有泊位和小小的广场。水巷的一边是水，

图3-4-22 百年老村太平川木刻楞住宅
Figure 3-4-22 Taipingchuan old Hundred-years village wooden house

图3-4-23 恩和俄罗斯族民族乡
Figure 3-4-23 "Enhe" Russian ethnic township

一边为街，有停船的石踏，犹如东方的意大利威尼斯。苏州吴江的同里、黎里、昆山的锦溪、周庄都是颇负盛名的水乡，水街形成村落肌理，街巷曲折通幽，是旅游的好去处。

随着经济的发展，有的古村落一边进行保护，另一边被开发拆除，形成了"阴阳头"，苏州的甪直镇就是如此。怎样保护是一个值得研究的课题，在有限的土地上新陈代谢，是我们所要探索的。我曾联想，巴黎的建筑也以二三层的四合院为主，有些还终年见不到阳光，但是这些小院落被相对完整地保护下来，那么我们将以什么样的模式来探索一条新的道路？我们讲设计的创新，即要在传统的基础上进行创新、转化。近年我们在南平市探求地区的建筑风格，获得了好评。

全球气候变暖带来了大气候的变化，而城市环境污染依然日益加剧，城市及工业污染渐渐向农村转移，使农村环境也面临着严峻挑战。我们讲碧水蓝天，应当从保护村落环境开始，从乡镇开始。我们要在乡镇保护树木、保护水面、保护特色文化，这是我们的职责。

3.4.2 探求地区农村新建筑风格案例——以武夷风格为例
Case Study on New Type of Regional Rural Architecture — Wuyi Style as an Example

我们讲地区的现代的新农村，首先要研究地区的农村建筑风格。风格是古往今来一直争论的话题。面对形形色色的各种说法，我们要提取其中有用的因子，做出相应的思考。

风格形成的条件和因素非常多，客观上，有时代、经济、气候、环境、地方历史文化、民俗、体制等等，主观上有建筑师自身的素质、修养等等。它的出现是一个自然进化的"事件"，而非个人非历史的独立创造。

风格的特征有历史性，也有模糊性、动态性和相对稳定性。

对风格的评价应有一定高度，仅历史地评价一个风格是不够的。常常有这样的情况，形式上不完美的或者不完整的作品，由于它有创造新事物的潜力，可能有更大的有利于进化的价值，而一个完美无缺的重要作品却使用了过去年代捡来的早已废退了的手法，因而不可能有进一步的创造性发展，从进化的观点来看，它的价值就很小[1]。

风格的发展是一个永无止境的动态过程，看待风格应该采用一种动态的眼光。

风格之间的界限是非常模糊的。如法国罗伯特·杜歇所言："变化有时呈现为旧风格的猝然中断，有时却呈现为两种风格之间的轻滑过渡，因为在许多情况下，风格的变革都是在无冲突的状态下进行，而新生的风格，在人们还未注意到时，

已将种种细微的变化注入先前的形式中。正是这些变化决定了前者的完全改观。"因此本书的定义及描述并非是要将其独立开来，而是对风格进行梳理优化，研究其前进的方向。

关于建筑风格，格罗皮乌斯曾经说过："一种风格，是指某种在表现上的不断重复，它是整个时期已经固定下来的'公分母'，然而试想把正在成长阶段的活生生的艺术和建筑，分别类型凝固成为风格或'主义'，这就不是鼓励而是近乎于僵化的创作活动了。"因此，对于风格的研究，应该首先避免"僵化"。

1）武夷风格的概念

广义的武夷风格是指闽北地区以武夷山为核心所有的具有武夷山地方特色的建筑及建筑群落。狭义的武夷风格特指1979年以后至今，在武夷山地区，由建筑师吸取地方传统建筑风格，以现代设计手法结合本地自然人文资源和具体环境进行再创造的，具有武夷山地方特色的建筑（图3-4-24，图3-4-25）。

1979年以后，借全国景区建设热的东风，在全国其他地区乃至浙江省及武夷山地区的多次关于武夷山景区建设的会议上，领导和专家们反复强调"风景建筑设计要体现地方风格"[2]、"风景名胜区的风景建筑、旅游服务建筑应有地方风

本节内容由何柯提供。
1　[苏] 金兹堡. 风格与时代 [M]. 陈志华, 译. 西安: 陕西师范大学出版社, 2004: 10.
2　武夷山风景区总体规划大纲 [J]. 建筑学报, 1983 (9).

图 3-4-24　福建武夷山庄 1
Figure 3-4-24　Fujian Wuyi mountain villa 1

图 3-4-25　福建武夷山庄 2
Figure 3-4-25　Fujian Wuyi mountain villa 2

格和时代气息"[1]等。随着以杨廷宝教授为首的武夷山总体规划工作的展开，逐步发展出宜小不宜大、宜低不宜高、宜疏不宜密、宜藏不宜露、宜淡不宜浓的"武夷建筑原则"，这是"武夷风格"建筑之始。

2）武夷风格形成的自然和历史因素

武夷山脉所踞，平原、丘陵、山地、盆谷等地貌类型俱存，土壤多类，土质肥沃，水资源丰富，森林和植被茂密，保留有原始森林多处，广泛适宜生物繁衍和掩蔽生息。境内物产矿藏丰富，风景名胜甚多，旅游资源和水资源十分丰富。武夷山地区丰富的天然资源为武夷风格创作的因地制宜以及对本地资源的因材致用、因物施巧等提供了良好的条件。

武夷山地区属于冬无严寒、夏无酷暑、雨量充沛、温暖湿润的亚热带海洋性季风气候，为当地建筑的灵活多变、自由布局创造了客观条件；武夷山脉中的花岗岩分布形成许多伟峙崔巍、造型奇特的峰岩、峡谷、异洞景观，以及以"丹霞地貌"为特征的风景名胜区，复杂多变的地形地貌，为武夷风格注入更多的灵性和变化的可能性。

武夷山地处赣、浙、闽三省的交界处，传统民居有飘逸清秀的福建民居意味，有端庄秀美的浙江民居意味，还有浑厚质朴的江西民居意味。兴贤、下梅、曹墩是武夷山市三个历史悠久、民风古朴的村镇，这三个村与城村村共同构成武夷山独具特色的民居风格。

1　武夷山风景区总体规划技术鉴定 [J]. 建筑学报，1983（9）.

　　武夷民居尽可能选址于近水处，建筑布局注重与自然景色的结合，结合生产，灵活自由，依山地位置而定。大多是内庭式，围绕内天井布置房间，外墙封闭。外墙封闭有利于夏季防晒、冬季防风，与当地的气候条件相适，并利于防盗。宅与宅紧接靠拢，建筑密度也较大，利于节约用地。外观简洁，封闭的外墙几乎没有装饰，仅在入口和墙头稍作处理。与简洁的外形相反，内庭非常注重空间的处理，内天井常有一进、二进甚至多进布置，相应的房间围绕其间，安排各种功用的空间，形成丰富的空间组合。武夷民居结构简单，就地取材，木构承重，穿斗式构架居多，因用料经济，常用数很小木拼合或用抬梁式（图3-4-26）。楼层、屋面由木构架承重。大宅院则肥梁粗柱，大量采用花雕饰件，柱子呈方圆形，上下有卷杀，木质柱础的木纹横向放置，以防潮气上升。

图 3-4-26　武夷民居结构形式
Figure 3-4-26　Structural form of Wuyi vernacular dwelling

　　由于气候温润，雨量充沛，建筑屋面出檐深远，一般达到1.2米或以上，这是一种更加接近大自然的构思。建筑充分结合地形，屋顶化大为小，自由穿插搭接，挑廊轻巧。出挑外廊作为武夷风格常用的吊脚楼的形式，在武夷山古民居中随处可见，位于武夷山风景名胜区九曲溪上游的曹墩村更是连成一片。外墙大多就地取材，墙基勒脚用块石或河卵石叠砌。墙顶用青砖灰瓦做成阶梯形封火山墙（图3-4-27），脊端座灰起垫，脊脚微微上翘。在民居的建筑作法上，墙身多为厚实的夯土墙，墙上间或点缀几处小窗洞，在青山绿野间显得格外粗实敦厚（图3-4-28）。屋檐下挑廊挂柱的柱头花饰繁多，有圆形、方形，花篮形等。

图 3-4-27　武夷民居封火山墙
Figure 3-4-27　Gable wall of Wuyi vernacular dwelling

　　精美的砖雕、石雕、木雕在武夷山古民居中不乏上乘之作（图3-4-29）。花格、门窗、大厅屏门及两侧间壁多用实板，仅于上部梁板之间饰有长条图案花格。次间面向天井装有一樘长窗为宅内装修之重点，雕琢精致。两

图 3-4-28 武夷民居外墙及窗洞
Figure 3-4-28 Exterior wall and opening of Wuyi vernacular dwelling

图 3-4-29 建筑中砖雕、木雕
Figure 3-4-29 Brick and wooden carving of architecture

厢隔扇较多用方格直棂式，以便糊纸。

大门一般用砖石门框、木大门，下部有门枕石，上部有门楼（图3-4-30）。大门外另有一道格子门，格子门上部透空，以利通风采光。上部门罩或雨披造型简练、结构合理。宅院府第、祠堂、会馆、门楼，精雕细刻，磨砖对缝，气势显赫，不少在工艺技法上具有很高水平。

武夷民居从整体布置到空间组织，都体现了在特定自然环境条件下的实用性与精神性，以及在特定社会、技术条件下这种实用性与精神性的表达，由此表现出独具特色的武夷民居的地方特色。

武夷风格的成因是多方面的，自然和历史因素是武夷风格形成的客观存在因素，也是对武夷风格空间和时间上的定位。三个因素相辅相成、缺一不可。另一方面，历史因素和社会因素有交叉之处，而自然环境也是不断变化的。

3）武夷风格形成的社会因素

社会因素包括政治、经济、教育、法律、劳动、医学、体育、群体等诸多方面，政治经济和群体是两个主要因素。

武夷风格形成于十一届三中全会之后，1980年代初。改革开放十年，经过政治上拨乱反正，经济上"调整、改革、整顿、提高"之后，形成一个百废待兴的局面。新时期的头十年里，政治主导建筑的时代已经过去，并进入了一个以经济因素为主导的建筑创作时期，为建筑师的思想解放和建筑创作的繁荣创造了条件，为学术界

图3-4-30 武夷民居入口门楼
Figure 3-4-30 "Menlou" of Wuyi vernacular dwelling's entrance

的蓬勃发展创造了温润的土壤。"武夷风格"等优秀作品的出现成为时代的需求和时代发展的必然。

官方及开发商是武夷风格形成的引导意识形态。1980年2月福建武夷山管理局成立，统筹武夷山风景区的保护、管理、规划、建设工作。1984年，根据武夷山总体规划的要求，成立福建崇安武夷旅游开发公司，负责溪东旅游服务区的规划、开发、建设和经营。景区的规划和建设控制比较严格，并能够较完整地贯彻实施，但也给景区建设带来一些负面效应，如资金难于到位，影响建设进度和质量；因集权致使个别管理者错误决策；公对公的后期经营致使不少单位常年亏损等等。

在度假区则是另外一番景象，自1992年国务院批准在溪东建立"武夷山国家旅游度假区"开始，一切的运作都是靠开发商的介入盘活起来的。度假区的存在本身就存在争议：武夷山度假区应是风景区的配套服务区，与风景区仅一河之隔，给风景区造成严重的环境压力，也影响市区的经济常年发展不起来。市区到风景区仅14公里，把配套服务功能放在市区才是两全齐美的办法。现在的度假区及武夷大道沿途设计、施工质量较差的建筑占多数，形成大量"一边倒"的仿武夷风格。市区的建设同时受官方和开发商二者的影响，也有大量仿武夷风格建筑。

专业学者是武夷风格形成的主导意识形态。专业学者与武夷风格的联系是最直接的。对武夷风格影响最大的首推当时的南京工学院的师生们，如杨廷宝、齐康、赖聚奎、陈宗钦、卜箐华、张宏等人；其次是福建省建筑设计研究院的扬子伸等人以及武夷山本地的设计师如陈建霖等。还有背后诸多的综合设计及施工人员，参加过天游观建设的吴锡庆先生便是其中一位杰出的代表。天津大学的彭一刚、中国建筑技术研究院的傅熹年、同济大学以及华侨大学的老师们都在武夷山留下了优秀的作品。1980年代，杨廷宝、齐康、赖聚奎师生三代开始在武夷山做前期调研、规划设计时，面临很多困难，"文化大革命"的极左思想还没有被完全清除。在极端困难的情况下，他们不屈不挠，坚持真理，千方百计地化弊为利，当时利用地处大王峰下的武夷山管理局原办公楼成功改建成如今的幔亭山房。

群体意识是非常现实的，是强大而含蓄的，风格需要群众的认同才能真正称之为风格。"巴洛克风格"、"田园风格"等等都是经过长达数百年的酝酿及成长才形成的。相对来说"武夷风格"从有人提出到如今才短短30多年，目前已经深入人心，但是其发展还有很长一段路要走，并迫切需要引导群众建立建筑意识观，避免"风格"带来的负面效应。

4) 武夷风格的群体特征

武夷风格的空间组织多以庭院为中心，依地形地势而变化，考虑民风民俗和地方材料的应用，形成民居与地形有机结合而形态丰富多变的特征（图3-4-31）。武夷风格的空间结合特定基地环境和现代人的生活方式，发展传统单线型的空间序列为复合网状空间序列——这是从环境着手、整体设计的重要表现。

如武夷山庄，是一座现代化的风景旅游宾馆，建于幔亭峰下的一个小山丘上。该山丘三面环峰，环境空间接近半开敞的状态。东、南、北三面都能形成较好的观景面，建筑空间组合完全顺应地段空间的特征，以公共活动空间作为建筑主体置于高处，出入口向三面伸展，采用建筑顺应地形特征的手法，有较好的环境效果。山顶主空间向下跌落，延伸出小空间体，并不拘泥于仿古民居，而取其精神，从山地的特殊视觉表现出发，合理安

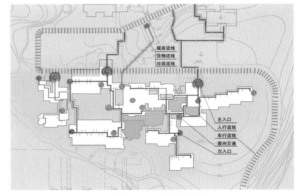

图3-4-31 武夷山庄交通及空间分析
Figure 3-4-31 Transportation and spatial analysis of Wuyi mountain villa

排现代功能性的群体空间。

武夷风格建筑与景观设计相融合，在景观设计上有如下特点：

首先利用障景、漏景，将"宜藏不宜露"的建筑主体半掩起来。计成《园冶》"相地"有："新筑易于开基，只可栽杨移竹，旧园妙于翻造，自然古木繁花。"[1]大树老树和山水地形一样，也是造园择地的重要条件。保留利用基地内原有大树、立基造景，或选择若干适当树种，在适当位置种植，假以时日，长成参天大树，对形成区域内苍翠葱茏的自然气氛十分重要。武夷书院、幔亭山房等处的树木多在1979年后种植，现已初见成效。

其次独自或利用其他元素形成界面，引导景观和空间序列。有时建筑与山体形成的空间围合感不够，或比较呆板生硬，借助树木高大的形体、柔和的轮廓肌理可以完善或改善景面构图。如宋街建筑形成的沿街界面，有千姿百态的植栽的映衬，形成了连续而丰富多彩的景观序列，与前方的雄伟险峻的大王峰自然融合。

第三利用植物独特的质感、形态在视觉、听觉及人的心里感觉上映衬山石、水体及建筑。植物柔韧的枝条、斑斓的冠叶与周围山体、建筑在形状、色彩、肌理上形成对比。参差错落、浓淡相间、虚实相生，丰富了景观立面的轮廓和质感。树叶在风中沙沙作响也会帮助营造高古静谧的空间氛围[2]。如幔亭山房入口设计借助植栽的巧妙搭配营造出典雅而精致的乡野风情。这样的手法在武夷风格的室内也有灵活运用。

第四利用近景、中景呼应周边的远景（山体），增加景观层次。植物

1　张家骥. 园冶全释——世界最古造园学名著研究 [M]. 太原：山西古籍出版社，1993.
2　刘晓惠. 文心画境——中国古典园林景观构成要素分析 [M]. 北京：中国建筑工业出版社，2002.

作为远景多在开阔空间衬映山体、水体和建筑形体，或作为空间边界，起到表现植物群落的参差变化和浓重的色调、强调天际轮廓的背景作用。植物作为中景，通常个体形象清晰可辨，景观作用突出，注重树木个体或组合的整体形象，包括姿态、轮廓及与所衬托的景物的关系。植物作为近景陪衬，使空间显得比较深远；在小庭院内，主景更注意植物个体形象及细节表现，包括枝条、花叶的形状、色彩，适合近距离品味和观赏，武夷山庄、幔亭山房、九曲宾馆等等尤为突出。

第五将局部与建筑融为一体。这是武夷风格建筑运用较成功的手法之一。利用垂吊植物从窗台、栏杆外垂下藤叶，或是用爬藤自然延伸到本地紫红色砂岩砌筑的墙上，使建筑像是从地上长出来的一样，与环境十分协调。

第六形成某区域景观主体，成为景观节点。植物素材常常作为景观表现的主题，通过在不同区域栽种不同的植物或突出某种植物为主，形成区域景观的特征[1]，可增加景观的丰富性，避免平淡、雷同（图 3-4-32，图 3-4-33）。

5）武夷风格的建筑特征

虽然"武夷风格"一说主要源自 1979 年以后的几次学术会议，但是千百年来武夷山深厚的历史文化积淀，如朱子理学、神话传说、武夷古民居等等是武夷风格的创作源泉之一。武夷风格按时间可以分为三个阶段，1980 年代初期是武夷风格的探索阶段；1980 年代中后期以武夷山庄落成为标志，是武夷风格的形成阶段；1990 年代至今是武夷风格发展阶段（表 3-4-1）。

---

1 刘晓惠 . 文心画境——中国古典园林景观构成要素分析 [M]. 北京：中国建筑工业出版社，2002.

图 3-4-32　武夷山庄庭院绿化层次
Figure 3-4-32　Level of garden greening of Wuyi mountain villa

图 3-4-33　武夷山庄点景绿化
Figure 3-4-33　Spot greening of Wuyi mountain villa

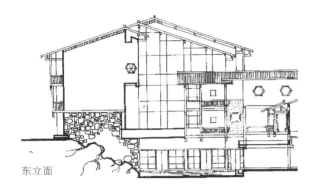

东立面

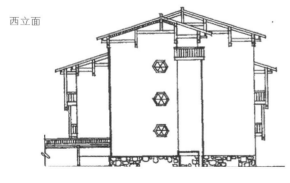

西立面

2.60

北立面

图 3-4-34　武夷山庄立面图
Figure 3-4-34　Elevation of Wuyi mountain villa

表 3-4-1　按发展阶段分类的武夷风格
Table 3-4-1　Wuyi style classification based on its development stages

发展阶段	大致时间	代表建筑
探索阶段	1980 年代初期	九曲码头、幔亭山房、碧丹酒家、彭祖山房、大王亭、天游观、隐屏茶室、天心亭、武夷茶观、武夷机场、宋街、云窝茶室、妙高山庄、三清殿、御茶园
形成阶段	1980 年代中后期	武夷山庄、宋街建筑群
发展阶段	1990 年代至今	玉女山庄、九曲宾馆、宋街、止止庵、天心永乐禅寺、武夷风情商苑、武夷景区大门、闽越王城、华彩山庄、桃源洞茶室、集云茶屋、万年宫、武夷碑林

武夷风格现今已在武夷山遍地开花结果，其精神内涵渗透到社会的各个角落，各种类型的建筑几乎都有涉猎。按使用性质可以分为旅馆建筑、餐饮建筑、小品建筑、宗教建筑、交通建筑、博览建筑以及其他建筑，以上都是公共建筑系列。在这些公共建筑的影响下，当地的民居建设争相效仿，如度假区新建的别墅小区以及多层住宅小区，几乎清一色的武夷风格建筑，如果从数量上来统计，住宅建筑类别要占大多数。武夷风格按设计手法可以分为复古建筑、新乡土建筑以及现代建筑（表 3-4-2）。

表 3-4-2　按设计手法分类的武夷风格
Table 3-4-2　Wuyi style classification based on design methods

复古建筑	天游观、永乐禅寺、止止庵、万年宫、武夷精舍、三清殿、半山亭等
新乡土建筑	武夷山庄、宋街建筑群、九曲宾馆、大王亭、九曲码头、玉女山庄、武夷风情商苑、幔亭山房、碧丹酒家等
现代建筑	景区大门、武夷山机场、华彩山庄等

解放后开始的景区建设项目当中，天游观、永乐禅寺等复古建筑多建于景区山顶，以武夷山庄（图 3-4-34）、宋街为代表的新乡土建筑则多见

于景区山下作为配套服务之用；山顶建筑群如天游观，强调传统的地方建筑文化，而山下景点的建筑展现了秀丽的新乡土建筑风采。而现代建筑如武夷山机场、华彩山庄、景区大门等则反映了建筑师在延续武夷风格精髓的同时，对更丰富多彩的表达手法的执著追求和勇敢尝试。

武夷风格的室内设计，同样体现了传承—转化—创新的设计理念，但是除了针对传统以外，更多地倾向于地方的山水意蕴，即乡土味。

武夷风格的室内环境设计，不孤立地对待形成内部空间的墙面、天棚、地板等，不只是材料和色彩上的变化，而着意于追求整体的内部环境主题（图3-4-35）。辞藻华丽未必是好文章，没有主题的作品难以欣赏。旅游事业的兴起促进了内部装修的发展。然而只求材料名贵，或一味追随外国手法，既不合乎当前国情，也未必合乎民族感情。富丽、豪华、高贵是一种美，质朴、淡雅、古拙也是一种美，不同民族、不同阶层有不同的审美观，时间的流逝、空间的差别、心情的变异对美都会产生不同感受。审美是一种复杂的社会现象。

建筑性质和所在环境是确定内部装修的首要因素。有以材料或色彩作为装修的主题，也有以情调作为主题，还有利用名人轶事、历史典故、神话故事以及听觉、视觉、触觉作为内部装修主题。武夷风格的内部环境与风景环境谐调，与建筑造型格调一致。在装修选材和造型上依照内部意境决定取舍，创造了有时代感的乡土风味环境。

武夷山庄的休息厅以竹材为基调（图3-4-36）。天棚为满布竹片的单元体和方格网状毛竹筒灯具组成的立体天花。36平方米的天花配有20盏灯具，照度均匀而富有变化。地面采用特制竹影图案的福建花砖，上下呼应。墙面则以地产"崇安横纹竹筒席"饰面。结合当地寒冬用木炭烤火的风俗，借鉴西方手法，厅内设计一个粗面片石壁炉，增添了家庭生活气氛。整个

图 3-4-35　武夷山庄室内
Figure 3-4-35　Interior of Wuyi mountain villa

图 3-4-36　武夷山庄休息厅
Figure 3-4-36　Lounge hall of Wuyi mountain villa

休息厅充满乡土味道。

武夷山庄门厅天花采用小青竹密拼吊顶，利用屋面斜梁分成 1.7 米宽斜向条块，并使灯光顺着南北墙面延伸，墙面与天花浑然一体，方向性强，与毗邻的休息厅既统一又有区别。门厅中的回廊柱头饰以少量木花图案，这是吸取民间竹筋粉刷夹木花饰的传统手法，显得清新古雅，配竹编吊灯，迎宾气氛热烈。茶座位于敞厅之上，两者均处于休憩赏景佳地。除装饰风格与整体统一外，不做过分渲染。

武夷山庄餐厅立意于淡雅、质朴。小餐厅以镶嵌木花罩的椭圆形镜面点题，题材取自武夷"台"神话故事，通过提炼、升华，用建筑语言表达，产生联想。大餐厅在一道与天棚浑然一体的侧墙面上，镶嵌 5 块 40 厘米见方的花岗石雕刻，其题材取自"幔亭招宴"的神话传说，可见福建高超的石刻技艺。

这些都是对传承、转化、创新的尝试。

武夷风格既是武夷山的、闽北的武夷风格，也是中国的、世界的武夷风格。在当时改革开放的时代背景下，武夷风格建筑不随大流儿，不追求高、大、洋，而是反其道，追求地方特色的乡土味儿，这是难能可贵的。武夷风格用现代手法对传统传承—转化—更新，是世界山地建筑的一个成功案例。

6）武夷风格的设计思想及原则

武夷风格的建筑特征是其血肉和表皮，而武夷风格的设计思想和原则是灵魂和思想。我们反复强调要避免"风格"的过程性本身带来的僵化，其实就是要为武夷风格注入可以不断成长进化的灵魂。

杨廷宝老师做武夷山总体规划时提出"宜小不宜大，宜低不宜高，宜疏不宜密"的建筑整体设计原则，广为流传。

（1）天人合一的设计思想及宜居环境的建筑原则

武夷风格与天人合一的设计思想。武夷风格受传统"天人合一"思想的影响较大。天人合一是中国人最基本的思维方式，具体表现在天与人的关系上——人与天不是主体与对象的关系，而是处在一种部分与整体、扭曲与原貌或为学之初与最高境界的关系之中。天人合一主要有道家、儒家、佛教三家观点。

道家提出"人法地，地法天，天法道，道法自然"[1]，明确把自然作为人的精神价值来源。在人与自然的关系上，主张以无为为宗旨，返璞归真。道家的思想直指现代社会在环境问题上的病根。"大同"社会是道家所主张的"无为"而又"无不为"的理想状态。道教的这种思想，深深影响了后世人们的生活方式，使人们向往和追求田园诗般的生活。武夷风格所流露的乡土味便是国人心中的"田园梦"外化的结果。

1　《老子》二十五章。

儒家"天人合一"观念，思考的问题是如何在"有为"的前提下实现天人的统一并克服天人的对立，从而提出"天人合一"的思想。这较之于道家学说，则富于现实性，更能使之引向操作和实践。但是儒家"天人合一"的哲学基础，在认识论上是"主客二分"，在价值论上则是"主客合一"，亦即"天人合德"。"天人合一"所讨论的不是人与自然的关系，而是哲学、人类学的基本问题。武夷风格在自然环境中巧妙地融入人工造物，在材料上将人造的混凝土结合天然的木料，充分发挥人的主观能动性，使理想变为现实。

综上，在处理人与自然的关系上，武夷风格以现代手法发扬传统天人合一思想，其哲学基础分别源于中国道家价值论的"主客合一"和儒家认识论上的"主客二分"。

武夷风格与宜居环境建筑理论。宜居之处就是适于居住、生活、工作、发展的地方。宜居要求自然生态环境和人造环境优美、整洁；要求城乡都有较高的经济发展水平和完善的基础设施、便捷的交通网络，以及良好的社会风尚和人际关系；要求政府是服务型、学习型、创新型的，有好的管治能力，好的服务态度。

我们说可持续发展观更具科学性、条理性和清晰性，并且更有广度和深度。武夷风格是传统与现代的整合。武夷风格建筑对武夷山风景环境的保护，对古城砖的循环利用，对屋面材料的生态化处理，对生土材料技术的合理配置等都是可持续的，也是宜居的。

（2）地域、文化、时代三位一体的设计思想

武夷风格是对建筑的地域性、文化性、时代性三位一体的成功整合。

武夷风格的地域性。武夷风格是地区的产物，其建筑总是扎根于具体的环境之中，根据武夷山地区的地理气候条件、地形条件、自然条件，以及地形地貌和已有的建筑地段环境以及相关的历史人文的环境，因地制宜、因势利导。

武夷风格的文化性。武夷风格吸取中国传统天人合一的思想，同时具有园林中文人哲匠的巧于因借、精在体宜的环境意向，"就地取材、因物施巧"，既尊重传统，又不断创新。武夷风格是物质的，也是艺术的创作。

武夷风格的时代性。武夷风格用现代手法传递历史信息，延承历史文脉。它架构于现代主义理论，又深受同时期后现代主义各种先进思想文化的影响。武夷风格的创作适应当今时代的特点和要求，用自己特殊的语言，来表达时代的实质，表现这个时代的科技观念，揭示思想和审美观。

风格总是要合乎时代性即现代建筑的理念。"现代"两个字，最紧要的是它的精神、内在，指的是功能合理。现代主义建筑的精神，也就是人类自古以来建筑本身所包含的一种共通的思想，诸如尺度、比例、材料的运用，色彩细部，空间的利用，空间的程序都是和以人为本的时代的默契。武夷风格的精神内涵也在现代主义的思想框架内。

7）对武夷风格的思考和展望

武夷风格作为一个历史现象有其偶然性也有其必然性。笔者认为偶然性主要来自人为因素，必然性则来自其不可更易的自然环境，在自然环境下长时期积累下来的历史文化也是相对稳定的因素，故也可纳入必然性的因素之一。"和"、"真"、"无"是创作者对这部分"必然性因素"的思考，也是从哲学角度对武夷风格的总结。

武夷风格是传统建筑与现代建筑融合的结果，武夷风格的标志建筑"武夷山庄"以其鲜明的形象特征赢得了社会的广泛认可。武夷风格源自民居，可否再回到民居呢？现在的度假区、市区等充斥着五花八门的仿武夷风格建筑，笔者认为这不是真正的回归民居。就目前来看，武夷风格对民居的引导并不乐观。其原因有三：

首先，武夷风格并不是百姓所想象的以形式特征为主，而是重在精神内涵，如各种装饰构件对于现代社会多数民众来说其实稍显奢侈。

其次，武夷风格注重细部构造及材料运用，而普通百姓所建房屋主要是以经济效益为主导的，这就造成粗劣的模仿。

再次，最令人担忧的是武夷风格的"无"的特性，而百姓在地方民族感情等驱使下盲目追随，造成质量粗鄙的"一边倒"现象，这与国内六七十年代的状况如出一辙；反之，即便是经济条件好、施工到位的个别建筑项目，也不过是单纯模仿出来的"智力的风格"。

因此，武夷风格对民居的引导不能单靠形式上的对传统建筑与现代建筑的折中处理。那么怎样才能真正回归民居、服务社会呢？同属武夷风格的武夷景区大门、华彩山庄、武夷机场等现代建筑给了我们有益的启示——延续武夷风格并非一定采用仿古形式，还可以采用抽象化的武夷风格，发扬其精神内涵上的优秀品质，真正做到"感情的风格"[1]。

---

1 ［德］威克纳格.诗学·修辞学·风格学 [J].文艺理论研究，1981（2）.

3.5 历史文化村镇保护规划
Protective Planning of Historic and Cultural Towns and Villages

3.5.1 山西省苏庄历史文化名村保护研究
Historical and Cultural Village Protection Research on Suzhuang, Shanxi Province

　　山西是中国的文物资源大省，独特的地理环境和战略地位，成就了晋文化，乡村的历史文化积淀具有鲜明的山西特色。

　　苏庄村所在的沁河流域是山西省古村落集中分布的区域，华中科技大学自 2009 年起对苏庄村进行长期的调研，并协助村政府成功申报第四批国家历史文化名村。

　　中国根深蒂固的家族文化及其酿造的家族精神是中国社会区别于西方其他社会的基本特征之一。村落家族文化是构成中国社会生活的重要方面，是理解中国乡村社会必不可少的透视角。

　　苏庄村是一个以明清晋商宅院为主要特色的古村落，现状遗存有村中贾、杨两大家族的大量宅院和部分公共建筑（图3-5-1）。本规划以乡村社会学的"家族"为视角，试图建立一个"家族结构的类型分析—家族领域的面域界定—家族空间的整合修复"的保护规划方法，对以血缘为基础的中国传统古村落的保护研究，具有一定的普适性。

　　该村落的保护规划相对于传统意义上的古村落保护，有一些创新点。

　　理论创新。从村落家族结构视角，对家族型古村落社会结构与空间耦合关系进行了探索（表3-5-1），将乡村社会学的相关理论引入规划方法，为古村落的保护和整合提供了一种新的思路。

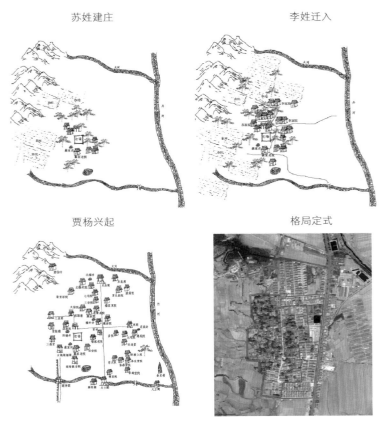

苏姓建庄　　　　　　李姓迁入

贾杨兴起　　　　　　格局定式

图 3-5-1　村落格局形成过程
Figure 3-5-1　The formation process of village pattern

表 3-5-1　古村落社会结构和空间关系
Table 3-5-1　The social structure and spatial relation of ancient villages

村落类型	单姓村	主姓村	多姓村
姓氏组成	一姓主大	两个或多姓主大	杂姓共居，无大姓
社会关系	血缘、地缘	地缘、血缘	业缘、地缘、血缘
形成制度	宗族制度	经济关系、宗族制度	大背景下的社会制度
演进方式	自上而下	自上而下、自下而上	自下而上
空间形态	内向，中心聚居	多元，分区聚居	外向，散点分布
空间结构	纵向秩序	纵横交错	横向秩序
举证	皇城村、西文兴村等	苏庄村、窦庄村、侯村等	郭峪村等
家庭分布模式			

方法创新。苏庄古村院落的完整形态已经弱化，仅存 24 座明清院落分散在村内。本规划采用 "家族领域整合法"，在 "三杨一贾" 的历史格局基础上，通过强化领域边界、突出领域标识、维护交叉领域等方法，在历史文化村镇保护规划方法上，具有一定的创新性。

村落空间的变迁。在苏庄发展过程中，外来家族迁入起了决定作用，每一次家族变迁都带来了格局的巨大变化。现今，苏庄是以贾、杨两大家族为主的主姓村落。

历史文化遗存特色。杨家的院落大门均是台基高筑，门面修得高大宽敞，

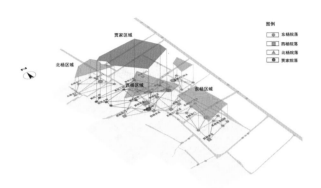

尽显商户的高调和阔绰。贾家房屋高大，布局方正，形成严格的套院组群形制，为中国传统社会典型的"大宅院"结构，并按支派命名有大份院（长门）、二份院（次门）、三份院（三门）、四份院（四门）。后又迁来同宗弟兄，排名小份，直接表明了长幼关系。

村落空间形态分析。通过对村落历史建筑信息的提取，将院落主人的家族房系投射到地域空间中，构成五个平面的家族网络，显现出家族空间的面域形态。

由此可见民居院落不再以点为单位独立存在，而是以家族为单位的空间聚居，这便是苏庄古村深层次的结构性存在（图3-5-2）。由于这一结构是社会关系在地域空间的反应，长期作为一个整体有着自身的稳定性，因此作为古村落保护研究的基础。

家族区域空间整合。古村落是一个由相关要素组成的整体，它们在共同促进村落空间构成的同时，也存在着某些差异性。正是要素的差异性形成了内在的形态特征，丰富了村落空间类型，从家族文化入手，正是寻找这一差异性的关键（图3-5-3）。

通过对村落进行分析，采取以下方法对本村落进行规划：

强化领域边界。通过"围"与"分"的方法，即院墙围合与巷道分隔等外部空间手段，强化领域边界，达到主姓空间的相对完整（图3-5-4）。

标识领域环境。通过各房院门、厅堂匾额进行家族内部环境的标识，突出贾氏官宦家族、杨氏晋商大户不同的空间特色和装饰主题，使家族文化在"主姓"空间结构中进一步呈现。

维护领域交叉。重点维护"贾中有杨，杨内含贾"，彼此交叉和渗透的空间关系（图3-5-5）。

图 3-5-2　村落的家族空间形态
Figure 3-5-2　Spatial form of village families

图 3-5-3　村落家族区域空间整合
Figure 3-5-3　Rtgional spatial integration of village families

纪念苏、李二姓。苏、李二姓过早衰落，仅留有苏家老井、李姓的墓地等，对贾、杨两家则分别选择核心文化的载体，进行不同形式的空间修复。

织补杨氏空间。杨氏三脉分域，选择其中规模大、遗存完整的东杨翠锦堂和北杨七宅院，进行建筑及空间的肌理织补，增加历史空间的紧凑度，形成两片完整的杨家区域，构成苏庄古村历史空间的面域形态基础（图3-5-6）。

隐喻贾家空间。年代久远的大份院和贾氏宗祠追远堂，进行建筑及空间"半复原"式修缮，在虚与实之间隐喻贾家昔日的格局与规模。

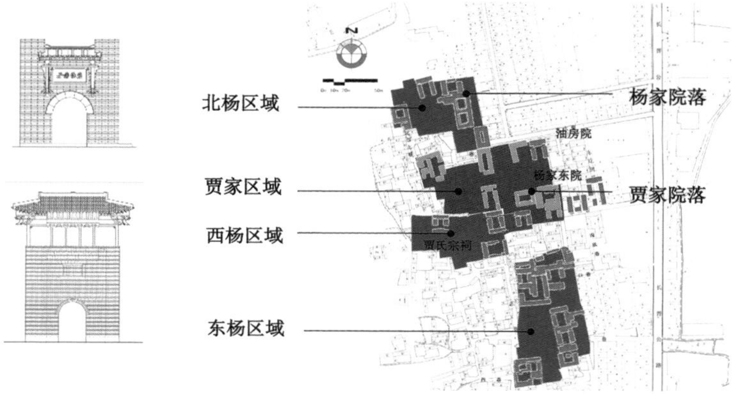

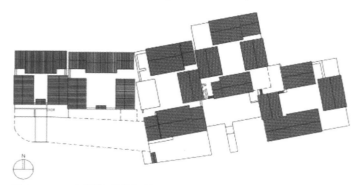

图 3-5-4　强化领域边界
Figure 3-5-4　Strengthening field boundary

图 3-5-6　空间肌理的织补
Figure 3-5-6　Darning of spatial texture

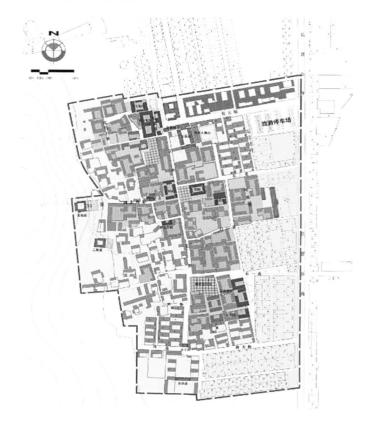

图 3-5-5　村落空间的渗透
Figure 3-5-5　Village spatial permeation

3.5.2 云南省那柯里村保护发展规划
Protection and Development Planning of Nakeli Village, Yunnan Province

那柯里村属于云南省普洱市宁洱县同心乡，是一个以哈尼族、彝族为主的寨子。那柯里为傣语发音，"那"为田，"柯"为桥，"里"为好，意思是桥边的好田地。清朝光绪年间那柯里是茶马古道上热闹繁忙的驿站，马帮往来不断，客栈、马店林立，小桥流水，十分热闹。现在那柯里是宁洱现存较为完好的古驿站之一，具有深厚的普洱茶文化、茶马古道文化和马帮文化，保留有县级文物保护单位那柯里茶马古道和拥有百年历史的荣发马店、那柯里风雨桥等。那柯里村四面环山，两条小河相汇于此，山清水秀，生态良好，景色秀丽。2007 年 6 月 3 日，宁洱县发生了 6.4 级强烈地震，那柯里民房严重受损。为改善当地村民生产生活条件，深入挖掘那柯里旅游文化，宁洱县结合"6·3"地震恢复重建、社会主义新农村建设和旅游特色村建设，按照"旅游文化活县"的发展战略，抓住宁洱为普洱市大茶马古道旅游规划重点打造县的机遇，对那柯里村进行了重点打造。2012 年 4 月，在住建部等四部门联合发起的"中国传统村落"评选中，那柯里入围第一批中国传统村落名单。

那柯里村坐落于那柯里河谷地带，是那柯里河沿岸最大的半山区和缓坡地带（图 3-5-7 ~ 图 3-5-9）。那柯里河从村内穿过，村民修建水管将水引至村中作为日常用水。村落分布呈现出典型的山地村庄特点，北、西、南三侧被山体包围，东侧紧邻磨思路和高速公路，村民住宅随地形分台布置于山体和道路之间。那柯里村建筑均为地震后原址重建，所以建筑形式体现了多元的民族风格。哈尼族的"伞片房"和傣族"干栏式"等民族元素和形式都有体现，主要的建筑以哈尼族和彝族民居为主（图 3-5-10）。

本节内容由南京林业大学陈逸帆、周意整理。

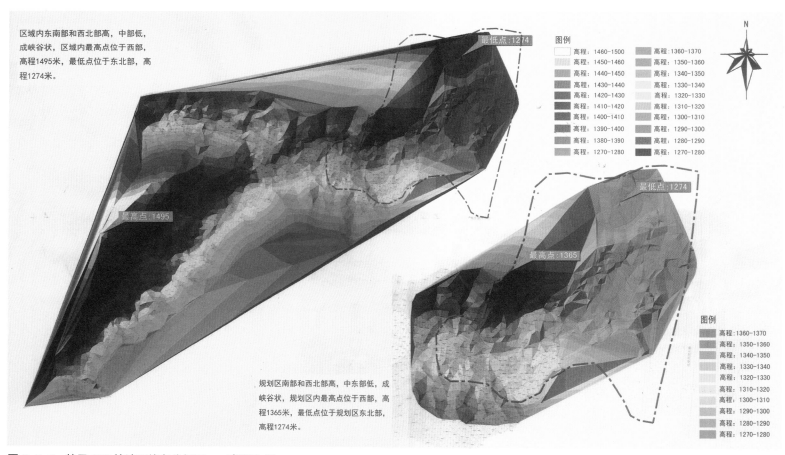

区域内东南部和西北部高，中部低，
成峡谷状，区域内最高点位于西部，
高程1495米，最低点位于东北部，高
程1274米。

最低点:1274

图例
高程: 1460-1500   高程: 1360-1370
高程: 1450-1460   高程: 1350-1360
高程: 1440-1450   高程: 1340-1350
高程: 1430-1440   高程: 1330-1340
高程: 1420-1430   高程: 1320-1330
高程: 1410-1420   高程: 1310-1320
高程: 1400-1410   高程: 1300-1310
高程: 1390-1400   高程: 1290-1300
高程: 1380-1390   高程: 1280-1290
高程: 1270-1280   高程: 1270-1280

最高点:1495

最低点:1274

最高点:1365

图例
高程: 1360-1370
高程: 1350-1360
高程: 1340-1350
高程: 1330-1340
高程: 1320-1330
高程: 1310-1320
高程: 1300-1310
高程: 1290-1300
高程: 1280-1290
高程: 1270-1280

规划区南部和西北部高，中东部低，成
峡谷状，规划区内最高点位于西部，高
程1365米，最低点位于规划区东北部，
高程1274米。

图 3-5-7　基于 GIS 的地理信息分析图——高程分析
Figure 3-5-7　GIS based map — Elevation analysis

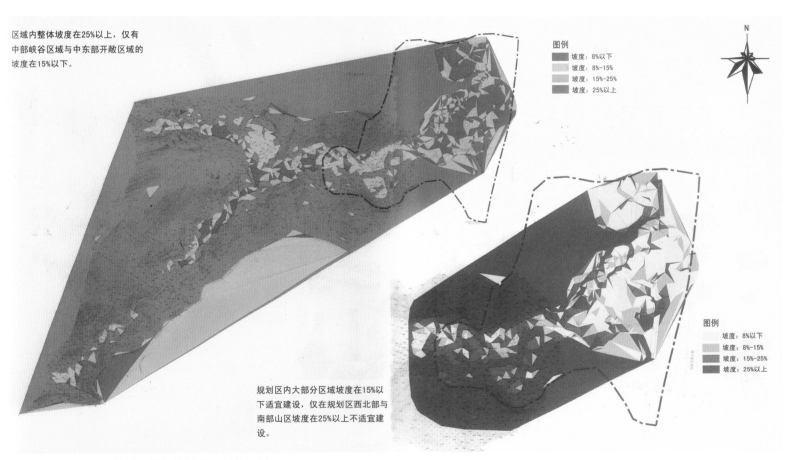

区域内整体坡度在25%以上，仅有中部峡谷区域与中东部开敞区域的坡度在15%以下。

规划区内大部分区域坡度在15%以下适宜建设，仅在规划区西北部与南部山区坡度在25%以上不适宜建设。

图 3-5-8 基于 GIS 的地理信息分析图——坡度分析
Figure 3-5-8　GIS based map — Slope analysis

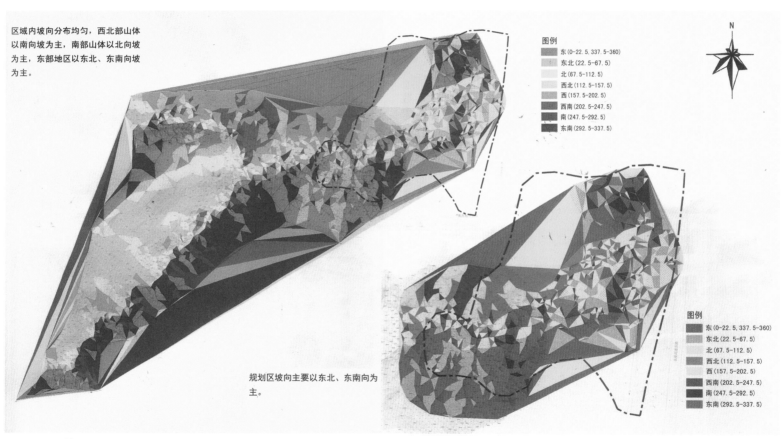

区域内坡向分布均匀，西北部山体以南向坡为主，南部山体以北向坡为主，东部地区以东北、东南向坡为主。

规划区坡向主要以东北、东南向为主。

图例
东 (0-22.5, 337.5-360)
东北 (22.5-67.5)
北 (67.5-112.5)
西北 (112.5-157.5)
西 (157.5-202.5)
西南 (202.5-247.5)
南 (247.5-292.5)
东南 (292.5-337.5)

图例
东 (0-22.5, 337.5-360)
东北 (22.5-67.5)
北 (67.5-112.5)
西北 (112.5-157.5)
西 (157.5-202.5)
西南 (202.5-247.5)
南 (247.5-292.5)
东南 (292.5-337.5)

图 3-5-9　基于 GIS 的地理信息分析图——坡向分析
Figure 3-5-9　GIS based map — slope aspect analysis

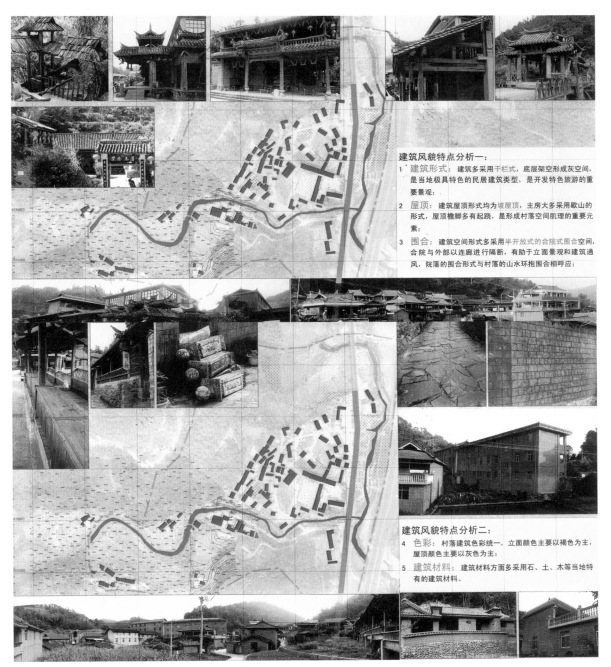

建筑风貌特点分析一：

1. **建筑形式：** 建筑多采用干栏式，底层架空形成灰空间，是当地极具特色的民居建筑类型，是开发特色旅游的重要景观；

2. **屋顶：** 建筑屋顶形式均为坡屋顶，主房大多采用歇山的形式，屋顶檐脚多有起跷，是形成村落空间肌理的重要元素；

3. **围合：** 建筑空间形式多采用半开放式的合院式围合空间，合院与外部以连廊进行隔断，有助于立面景观和建筑通风，院落的围合形式与村落的山水环抱围合相呼应；

建筑风貌特点分析二：

4. **色彩：** 村落建筑色彩统一，立面颜色主要以褐色为主，屋顶颜色主要以灰色为主；

5. **建筑材料：** 建筑材料方面多采用石、土、木等当地特有的建筑材料。

图 3-5-10　建筑风貌特色分析图
Figure 3-5-10　Architectural feature analysis

那柯里村现存的和潜在的景观结构组分叠加组合，形成了一定的景观保护格局。

但是在过去相当长一段时间里，由于对保护传统文化遗产的宣传力度不够，村民对传统村落的稀缺性和不可再生性认识不足，许多传统村落的格局风貌、生态环境不断遭受破坏；另外村落至今尚未出台相关的古村落管理办法，保护力量较为薄弱，缺乏对古村落的有效控制和约束，造成了管理无法可依。而经济利益的驱动，又致使一些传统民居被破坏和流失。

那柯里的保护经费也相当缺乏。那柯里现存古村落传统建筑数量较多且分散，由于建造年代较早，且大多为木结构，因此不同程度地存在着房屋损坏、屋顶渗漏等情况，亟须定期保护修缮和维护保养。而保养修缮传统建筑的成本较大，政府出资修缮历史建筑的专项资金有限，政府只能抢救性地对一些重要的建筑进行修缮，而对其他大量有保护价值的传统民居无法顾及。

近年来那柯里受到的开发建设冲击也较大，城乡一体化建设步伐加快，大规模的开发建设使古村保护面临危机。新村建设、旧村改造、道路动迁等等，都牵涉传统建筑保护问题，使原有的保护性规划难以得到落实。

为"传承文化，延续历史"，保护祖国优秀的历史文化遗产，保护独具魅力的少数民族村落的历史人文及自然景观，充分挖掘历史文化内涵，那柯里村保护发展规划将传统村落

性质定义为：集居住、旅游、休闲为一体，带有浓郁民俗文化风情的特色景观型村落。具体实施内容包括：划定核心保护区和建设控制区；完善基础设施改建，提升人居环境，延续村落活力；改善基础设施、公共服务设施、生产生活环境等；对整个村落的山水格局、空间环境机理、特色基地、历史环境要素、历史环境痕迹、传统人文环境、自然生态景观环境、非物质文化遗产八个方面进行规划与保护。

1）历史文化村落发展规划的定位和目标

建设生态宜人的人居环境。通过对现状村落建筑、道路及场地空间的梳理，结合绿化景观的营造，形成生态的居住环境和宜人的场所空间。

塑造特色鲜明的村落旅游空间。通过打造那柯里及其下游水系周边环境的绿化景观，形成层次丰富的廊道空间游览序列；通过村落民居建筑的改造及周边特色文化建筑的恢复，形成彝族哈尼族文化氛围浓厚的村庄环境；将自然性与文化性景观有机结合，共同构成特色鲜明的村落旅游空间。

构建相互促进的产业结构。那柯里村以农业为基础，以旅游服务业为特色，以农产品及农副产品加工为补充，第一、二、三产业相辅相成，相互促进，共同构成村庄发展的产业结构体系。

震后的规划与重建应重视村落民族文化的保护和发展。针对当地村落文化特色，做出适应当地特色文化发展特点的震后重建规划。争取充分地把文化遗产的保护和文化特色的

体现作为震后的乡村社区重建工作的重要内容，让那柯里的这片自然和人文资源荟萃之地，在今后的发展中，依旧能发挥出自己的文化资源优势，长久造福于民（图3-5-11）。

2）历史文化村落发展规划的用地布局

历史建筑古迹用地：那柯里村内部在现状用地中分离出保存完整、价值较高的优秀历史建筑、历史遗迹，将其划为历史建筑古迹用地。

传统商业休闲用地：根据旅游经济发展的需要，调整南部村庄入口处以及村东部靠近省道保存较好的居住建筑，改造为传统商业和文化娱乐用地，展示地方特色的传统手工业及手工艺品，出售地方特色的商品，发展地方小吃等。

居住用地：梳理建筑格局，调整古村内部现状综合效益较低的三类、四类居住建筑用地。规划街巷、游线两侧和重要历史建筑院落内部，拆除搭建的危棚简屋和布局不合理的猪舍、鸡圈等；充分利用原有宅前屋后的部分窄地，规划建筑组团绿地及农资、圈养空间；疏通步行交通线路，美化庭院和景观设施，改善村落居民生活的院内外环境，配套基础设施和日常生活服务设施，转变为居住建筑用地。

公共绿地：调整古村内部的局部地块，规划为各地段的公共绿地，改善镇民的生活和游客的游览环境。保护那柯里古村周边的农耕用地，保护生态环境。规划进一步完善那柯里河沿线的相关设施，增加供游客休息的椅凳、石头等景观小品，作为村民与游客的休闲娱乐场所。同时，可以进一步

发展沿河两岸的滨河绿化带，美化古村的环境。

公共空间：整合村庄内比较零散的用地，将其规划为公共空间，以满足居民日常社交活动的需要。

3）历史文化村落的旅游业发展规划

那柯里村现已形成以观光、餐饮和土特产品购物为主的生态旅游氛围。那柯里至思茅坡脚段4.377公里的茶马古道得到修复，建成支砌景观路自然石挡墙、河道自然景观、穿寨茶马古道（村岔口至洗马台段）、穿寨茶马古道（驿站广场段）、古道陈列馆、水车拉风箱—千锤打马掌、驿站广场、洗马台、碾碓房、马掌提情岛、古道流溪、马跳石、旅游厕所、景区绿化、竹桥（连接驿站广场及洗马台）、寨门和实心树连心桥等17个旅游景点和基础设施，已具备良好的旅游开发条件（图3-5-12）。

那柯里村保护发展规划在现有旅游资源和条件的基础上，深入挖掘村落的文化资源"茶马古道文化"、自然资源"生态茶园"，着力打造那柯里村的三大旅游品牌文化——马帮文化、茶文化及农耕文化，进一步提升村落的旅游品牌意识。

马帮文化旅游：那柯里村是古普洱府"茶马古道"上的重要驿站，也是宁洱县现存较为完好的古驿站之一，其历史价值很高，保存有较为完好的茶马古道遗址——那柯里段"茶马古道"（县级文物保护单位）、百年荣发马店、那柯里风雨桥，还有当年马帮用过的马灯、马饮水石槽等历史遗迹、遗物，具有悠久的历史痕迹和深厚的茶马古道文化。规划借

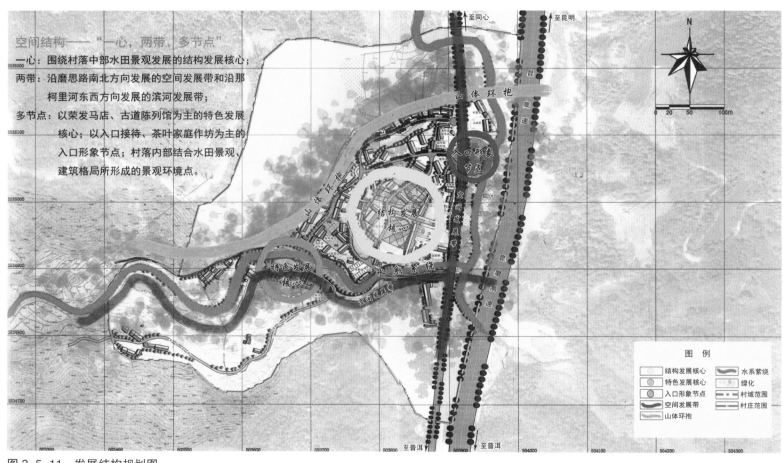

图 3-5-11　发展结构规划图
Figure 3-5-11　Development structure planning map

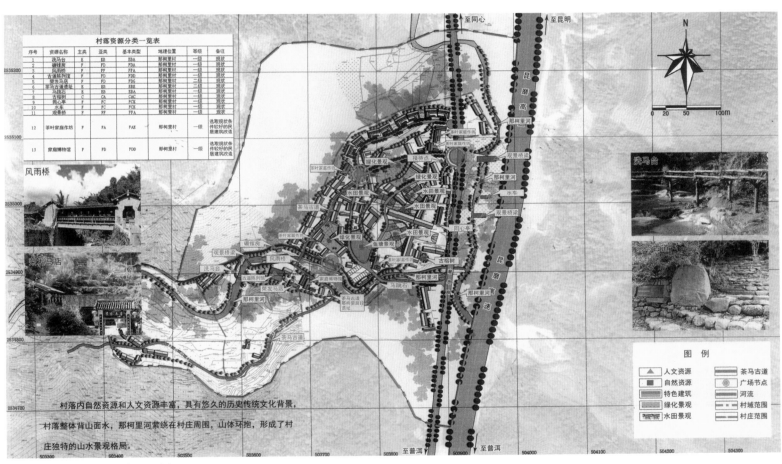

图 3-5-12　村落特色资源规划图
Figure 3-5-12　Village characteristic resources planning map

助那柯里村马帮文化的历史，延续当地民族文化，打造特色马帮文化旅游，利用村庄南部建筑质量较好的民居改造为家庭博物馆，进一步展示当地特色马帮文化，再现当时马帮的真实生活场景。

茶文化旅游：那柯里是古普洱府"茶马古道"上的一个重要驿站，位于宁洱县南部。作为普洱茶的原产地和集散中心，从唐代开始，古普洱府（宁洱）就因普洱茶和磨黑盐的产销成为商贾云集、马帮络绎不绝的重镇。那柯里保存有较为完好的茶马古道遗址，具有悠久的历史文化和深厚的茶文化、古道文化。规划利用那柯里村悠久的茶文化历史，打造当地特色普洱茶文化体验旅游，将村内建筑质量较好的民居改造为家庭茶叶作坊，让游客深入了解普洱茶文化，感受茶制作过程中的生活乐趣，同时也可以给游客提供当地的特色旅游产品。

农耕文化旅游：那柯里，宁洱县同心乡建制村，海拔1280米，年平均气温20摄氏度，年降水量1460毫米，非常适合种植粮食、茶叶等农作物。村周围被农田所环绕，村中心有一小片绿田，整个村子和环境自然地融合在一起，构成非常宜人的山水格局，人与自然的和谐，形成了天人双赢的农耕文化。借助那柯里村人与自然和谐共处的自然山、水、田园景色，打造特色农耕文化旅游，让游人可以去茶园采茶，回到村落可以到家庭茶叶作坊亲手制作茶叶，充分体验农耕的乐趣。

积极创造条件发展以古村落为主体的乡村历史文化旅游，有利于调整农村产业结构，改善就业结构，优化经济结构，增加农民收入，改善农民生活和居住环境。通过保护带动旅游，通过旅游发挥文化保护的作用，既可以使古村落获得新生，也可以使村民的生活品质得到提高，实现两者的互相促进。当务之急要做好以下两个方面的结合：一是要和新农村建设相结合。集中整治村庄环境、农民住房、村内道路、给排水、厕所、污水、垃圾处理和亮化绿化等配套建设，添置文化设施，以改善居民的生产生活条件，实现人居环境的现代化，让村民感觉在古村落保护中得到实惠，从而主动支持古村落的保护与开发。二是要与挖掘整理古村落历史文化相结合。系统挖掘整理更深层次的古村落历史文化，有利于传承文化，为进一步开发利用打下良好的基础。

3.5.3 云南省束河古镇保护性更新改造
Renewal Protection of Shuhe Ancient Town, Yunnan Province

作为纳西族先民在丽江坝中最早聚居地之一的束河古镇位于大研古城西北 4 公里，西靠石莲、聚宝、龙泉三山，北含九鼎、疏河龙潭。地势开敞平坦，水源充足，更有青龙、疏河及九鼎三河穿村而过。束河不仅是"茶马古道"上保存完好的重要集镇，也是纳西族从农耕文明向商业文明过渡的活标本。特别是古镇具有"引水入村"模式和独特的街市肌理，其"民居建筑群依山傍水，房舍错落有致，具有典型的纳西古建筑特点"等（图 3-5-13），因此于 1997 年被联合国教科文组织列入《世界文化遗产》名录[1]，就此成为丽江古城的重要组成部分及研究丽江地区聚落发展的重要案例。

1）以"市"为核，以"河"为脉的聚落肌理特征

贯通滇藏的茶马古道将丽江坝逐渐变成滇、川、藏之间重要的交通要冲与"茶马互市"的物资集散及贸易中转地[2]，导致丽江坝区中"每个村寨都有一个面积不大、平坦方整的广场，称为'四方街'，这是商业服务、集市贸易的地方"[3]。因此丽江传统聚落的形成规律均应该是先有四方街，后有村镇聚落[4]。

本节内容由周霖提供。
1 参见中华人民共和国建设部《世界文化遗产——中国丽江古城》申报文本，1997 年深圳印刷。
2 主线起始于云南的普洱，经大理、丽江、中甸、察隅、波密、拉萨、日喀则、江孜、亚东、柏林山口，分别到缅甸、尼泊尔、印度。
3 云南省设计院《云南民居》编写组.云南民居 [M].北京：中国建筑工业出版社，1986：89.
4 蒋高宸.丽江——美丽的纳西家园 [M].北京：中国建筑工业出版社，1997：115.

图 3-5-13　束河聚落空间环境形态图底关系
资料来源：周霖
Figure 3-5-13　Figure-ground relation of Shube settlement spatial environment form

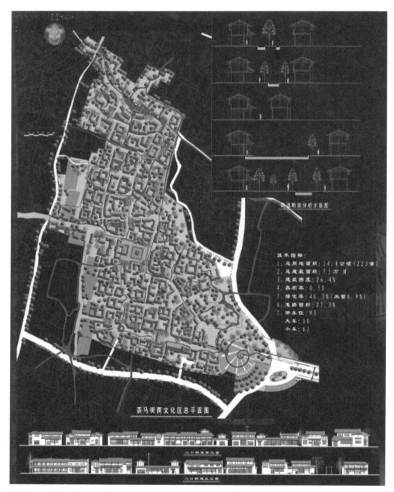

图 3-5-14 束河古镇修建性详细规划总平面图
Figure 3-5-14 Master plan of Shube ancient town constructive detailed planning
资料来源：《丽江束河古镇修建性详细规划》

纳西族《东巴经》始祖神话《崇搬图》中纳西始祖迁徙路线轨迹，佐证了纳西族的聚居地变迁包括：白沙胚胎统治时期、束河雏形过渡时期、大研中心统治时期三个重要阶段[1]。与此同时，纳西先民对丽江坝进行了长达数百年的泄洪排涝等水利工程的建设，使泽国水乡的湿地最终形成了近代沟渠纵横、土地肥沃、村寨聚集的局面。而源于古羌的纳西族因"逐水草而居"的游牧民族特质，使得引水入村、傍河而居的聚落肌理得以最终形成。

作为滇西北著名的皮革手工重镇的束河便具有上述的聚落肌理特质，穿村而过的青龙河将整个古镇分为东西两区，并通过青龙桥相连。中部四方街处分支流东南向延展至地势平坦地带，使总体布局呈分散的"人"字形空间形态。区别于大研的"水网密布"，束河水系仅沿西南及东南方向主要道路划分支流贯穿全村，呈"水路并行"之势。束河街巷脉络清晰，以四方街为中心，分别向西南、东南、东北三个方向延伸，主街顺水势蜿蜒曲折，再依水建房，依路筑院，呈聚心式枝状路网结构；次巷道则垂直排布为"丰"字形交错的树状网络，通达各户院落。民居院落坐西向东，并沿河道与街巷呈向心趋势，依山就势而建，层层叠落，错落有致，通过 0.6～1.0 米的入户小巷与主街形成渗透与退晕关系。

1　书中记载：纳西人的始祖崇仁利恩与衬红褒白命从居那什罗山迁徙下来，最后三站分别为"巴古巴尸"（巴人死亡之地）、"媆斤耍畏地"（尸首堆高之地）与"英古地"，即今天的白沙、束河与大研。

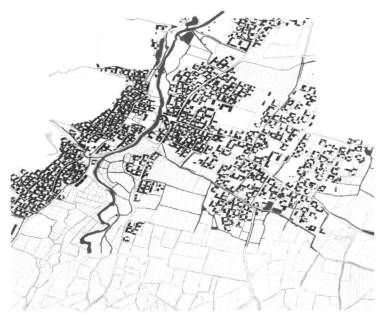

整个聚落呈现出自然环境与人造环境高度融合的场所精神。

2）"束河模式"的举措策略

2002 年，束河古镇在保护与发展的"适度"原则下，遵循"政府引导、企业参与、市场运作、群众受益"的思路，成功地实施了保护与发展并重的聚落更新改造（图3-5-14），其成功经验被称之为"束河模式"；2005 年束河被评为"中国魅力名镇·最佳人居环境名镇"。

（1）传统聚落肌理的尊重与延续

在束河古镇保护性开发一期"茶马驿站"项目规划设计中体现出对传统聚落空间肌理的延续举措（图3-5-15）。

第一，通过在古镇外围开辟新区以建设旅游配套设施，而将原束河村落视为新区的"后花园"，并通过建筑风貌协调设计使得新旧两区和谐共生。古镇核心区内完好保存着古道、集市和传统民居近千幢，以及两个龙潭和青龙河两块菜地，仍然保持着其纳西聚落与茶马驿站的纯朴之美与文化底蕴。

第二，鉴于对传统聚落街巷空间的自由布局与整体和谐的诠释与再现，新区建筑布局强调整体和谐而非单体建筑的张扬，突出的是街巷空间形态而非建筑单体。规划之初并未刻意设计道路，仅有路径方向和建筑实体，街道则是由建筑实体自由地"挤"出来的，因此并非横平竖直、整齐划一，最终结果是实体和村落公共空间都能成为"图形"，而实际建成的效果则是街道景观丰富宜人。

第三，源自传统聚落统一中的个性与微差变化的生态景

图 3-5-15　束河古镇开发前后聚落肌理对比关系图
Figure 3-5-15　Comparison map of Shube ancient town's settlement texture before and after development
资料来源：周霖

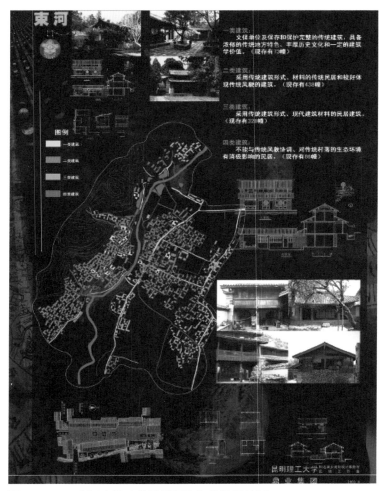

图 3-5-16　束河古镇建筑质量评估与分区保护图
Figure 3-5-16　Architectural quality assessment and partition protection of Shube ancient town
资料来源：《丽江束河古镇修建性详细规划》

观特质，"茶马驿站"中近10万平方米建筑，其体量、材料、色彩、工艺等大体做法是统一和谐的，但没有两幢建筑是完全一样的，共性中又体现个性，但重心仍是强调大量"母体"建筑的朴实和普遍，在设计中体现出"整体先于部分，大于部分之和并制约着部分"的准则 [1]。

（2）分级保护与业态分区措施

束河古镇改造更新中，对原有传统民居根据历史年限、建筑风貌、建筑质量、所处区位等因素划分为三个保护区（图3-5-16，图3-5-17）。

一级保护区为古镇核心区，面积约5.42公顷。此区域内所有房屋及街道布局都要严格按照修旧如旧的原则进行整治。

二级保护区为核心区外围保护区，面积约15.6公顷。此区域内所有建筑不得超过规定样式和高度，混合结构建筑必须"穿衣戴帽"，用瓦屋面覆盖。

三级保护区为新城区与古镇的结合带，面积约28.5公顷。此区域所有建筑控制标高，使整个古镇与外界自然过渡。

经评估有属于重点保护的一类民居建筑73幢，二类建筑438幢，三类建筑328幢，四类建筑（不能与传统风格协调，对传统村落的生态环境有消极影响的民居）86幢 [2]。三

1　翟辉，王丽红. 传统：地域性建筑创作之源——以丽江束河茶马驿站规划为例 [J]. 城市建筑，2008（6）：25-27.

2　参见"丽江束河——茶马古镇保护与发展"项目可行性研究报告 [R]. 昆明鼎业集团，2003.

级保护区的划分和实施，使束河古镇中错落有致的纳西传统民居得到了最大限度的保护；"修旧如旧"的宗旨既保证了束河古镇原真性的"聚落记忆"，又呈现出勃勃生机的面貌。

古镇"茶马驿站"更新改造中，通过合理的"业态"分区规划在延续古镇原有的"人"字形发展肌理，遵循"人车分流，通而不畅"的陆路交通体系与"水网贯穿，河泉亲人"的水网组织前提下，将古镇新区的商业业态根据人流集散密度、闹静干扰指数、所处保护区级别等进行了相应的区划设置。古镇中的星级酒店、特色商业街、特色餐饮小吃街、酒吧街、庭院客栈等各类旅游业态通过水网河道及街巷空间进行适度分区界定，其间通过廊桥相互连通渗透，既保证了各业态区的平衡发展，又将各区的特色空间保留并强调出来。规划设计中也结合古镇原有中心场所四方街与新区中的四方听音广场等开敞空间节点，共同构成古镇中开敞空间序列，成为古镇中体现文化氛围的重要场所。

（3）田园风貌与场所精神的重现

对于古镇核心区的保护，不仅关注传统老旧民居，更注重对古镇中纳西农耕田园风貌的保护与重现；不仅严格保护束河核心保护区内的农田、水系、果园及原生树木，更雇用被征土地的原住民继续耕种，亲手呵护纳西农耕文化的文脉，继续延续其曾经的日常生活。从"农民到园丁"的转型使原住民不仅从增值了的房租及新增的就业机会中受益，还保留着土地收成，而古镇农耕文化与田园风貌也得到了保护与延

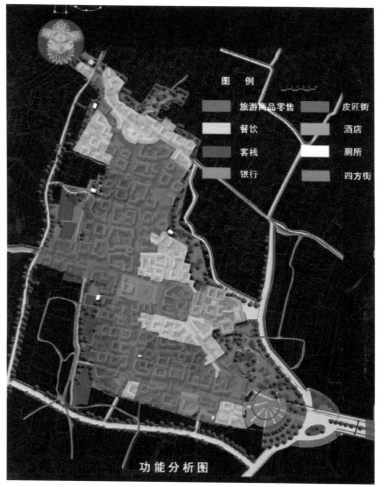

图 3-5-17　束河古镇新区业态与功能分区
Figure 3-5-17　Business layout and function division of Shube ancient town development area
资料来源：《丽江束河古镇修建性详细规划》

图 3-5-18　束河古镇核心景区中的保留耕地
Figure 3-5-18　Reserved cultivated land at Shube ancient's central scenic spot
资料来源：周霖

图 3-5-19　束河名人酒吧街景观更替变化对比图
Figure 3-5-19　Contrast of landscape change of Shube celebrity bar street
资料来源：《丽江束河名人酒吧街景观设计方案》

续（图 3-5-18）。

　　丽江古城聚落中的四方街"放水洗街"是纳西居民科学合理的立体用水活动，进而成为纳西村落中独特的水文化生活场景。在束河改造更新二期工程项目青龙河滨河景观区设计与名人酒吧文化街设计（图 3-5-19，图 3-5-20）中，便巧妙地利用基地内北高南低的地势与水系分布状况，进行合理有效的梳理。在北侧入口处修建地下蓄水池，通过自然重力流的作用形成环绕整个酒吧街的景观水系统，并在主要街道位置通过滚水坝的水位控制重现传统的"放水冲街"场景。通过精确计算与控制形成水位盈缺的变化，并在一天中不同时段构成"水涨成河，水退为路"，"蓄水成湖，落水成场"具有日常生活特质的时效性与戏剧性的景观场景更替，形成对丽江古城中最具特色的水文化场景记忆的场所精神重现。

　　如今，"适度"开发后的束河古镇有近 1000 户村民，5000 余人，整个古镇内完好地保存着古时的古道、集市，及近千幢传统民居，保留着两个龙潭和青龙河两块菜地，仍然保持着其纳西聚落与茶马驿站的纯朴之美与文化底蕴（图 3-5-21）。古镇基础设施的完善大大提高了原住民的生活水平与质量，旅游新区与保留古镇在空间肌理与景观风貌方面都呈现出良好的协调与融合，二者相成相辅相成互为补充：一方面避免了外来游客对原住民宁静生活的过多干预；另一方面原真性保留完好的古镇又以其地道的"束河味"吸引着大量游客，展示着古镇的传统农耕文化与日常生活氛围。曾经茶马古道上商客云集的马帮驿站，如今呈现出社会主义新农村的勃勃生机。

图 3-5-20　名人酒吧街泛舟区河道景观更替变化对比
Figure 3-5-20　Contrast of landscape change of Celebrity bar street boating area river course
资料来源：《丽江束河名人酒吧街景观设计方案》

图 3-5-21　束河古镇改造前后聚落街巷景观风貌对比
Figure 3-5-21　Contrast of Shube ancient town street landscape before and after transformation
资料来源：周霖

3.5.4 江苏省孟河镇历史片区更新设计
Renewal Design of Menghe Town Historical District, Jiangsu Province

孟河镇属江苏省常州市新北区，长江流经其北，新老孟河纵贯其间，总面积为 88.26 平方公里，总人口 11.25 万，是历史悠远的江南运河古镇、军事重镇和"书画雕刻之乡"。老孟河是孟河镇最主要的结构性要素和生长轴，便利的交通运输维护了古镇的生长，也使之呈现出典型的商埠文化特征。孟城北街历史地段位于孟河镇西北部，面积约 18 公顷，是最能体现孟河商埠文化的地段。

孟城北街是一条明清时代典型的商业街道，具有明显的运河古镇格局：街道狭窄，店铺林立，临近河道。沿街现存下来的建筑多为清朝及民国时期所建（图 3-5-22），城北街仍保持着传统街巷的尺度和格局。孟河北门地段的格局从整体街区到地块街坊，再到独户的院落，都体现出了运河古镇聚落特有的传统格局特色。

在空间格局方面，北街地段的传统格局可以概括为：整体上"扇形街廓、鱼骨街巷、水街并行、前街后河"；局部上"五进院宅、前店后坊"。整个街区顺应孟河的自然曲线形态，街区自然而有机地形成了沿水而居的扇形轮廓，主街与孟河平行，宅间的小巷连通了主街和孟河，形成鱼骨状的街巷格局。

在建筑遗产方面，该地段内仍保留着大量能反映江南古镇风貌的明清建筑，所占比例达到 16%。现存有顺来园茶店、

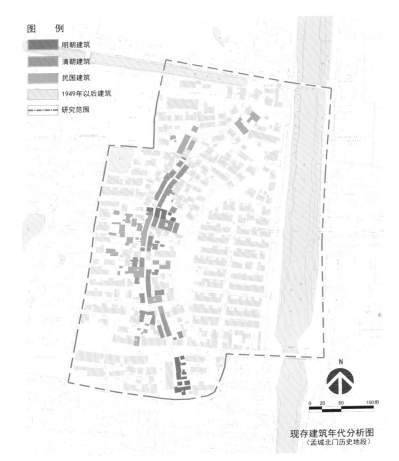

图 例
- 明朝建筑
- 清朝建筑
- 民国建筑
- 1949年以后建筑
- 研究范围

现存建筑年代分析图
（孟城北门历史地段）

图 3-5-22　孟城北街历史地段现存建筑年代分析图
Figure 3-5-22　Analysis map of the existing building age of Mengcheng north road historic area

本节内容由江泓提供。

益泰酱园旧址、东亚客栈等物质文化遗存。建筑类型特征明显且多沿纵向主要街巷集中布局，但也有部分翻新的建筑和新建民宅同传统的环境风貌不相协调。地段内的绝大多数建筑质量一般，少数沿街的商铺保存质量尚好，个别传统民居由于保护不力，现状质量堪忧。在建筑高度上以一层和二层建筑为主，只存有极少数三层以上的建筑。其中民居建筑占92%，其余则为沿街的商住混合建筑。

1）保护更新规划的主要目标

遵循"保护为主，积极展示，合理利用"的方针，正确处理保护和展示、利用的关系，通过规划促进保护和展示利用的有机和协调统一，杜绝无序和过度开发，特别要杜绝不按科学规划而造成历史文化资源的本体及其环境被破坏的现象发生（图3-5-23）。

2）保护更新规划的主要策略

动态保护，合理利用。孟城北街历史街区范围内的传统民居建筑不同程度地面临着年久失修、结构老化、风貌欠佳等一系列问题。单一静态的"标本式"保护模式，对于大量的、风貌一般的民居类建筑而言，是一种不可持续的模式。如何为老民居建筑注入新的功能，使其适应现代城市功能发展的需求，成为进行有效保护的首要问题。历史建筑的保护与利用应与地区发展和产业升级转型的需求联系在一起，逐步从单体建筑的功能性改造，走向复兴整个片区的系统化提升。

提升环境，带动周边。通过恢复老孟河河道、完善基础

图3-5-23 孟城北街历史地段规划图
Figure 3-5-23 Planning map of Mengcheng north road historic area

图 3-5-24　孟城北街老街巷效果图
Figure 3-5-24　Effect drawing of Mengcheng
north road old streets

设施配套等一系列环境整治措施，一方面重现了"运河商埠"的文化特征，另一方面也必将带动周边相邻地块土地价值的提升。规划充分利用城市经营的理念，对周边用地进行控制，既形成功能和人口的集聚效应，又带来了土地升值的收益，以平衡高昂的投资支出。

内外有别，梯度开发。规划对核心区、建设监控地带、历史地段外围采取了不同的保护与开发策略。核心区内严格执行文物保护的相关要求，采取"保护为主，开发为辅"的方针；建设监控地带内强调建筑高度与风貌的协调，考虑风貌与收益的平衡；街区外围则可以适当提高建设强度，在不破坏整体风貌的前提下，积极利用市场机制，拓展投资和开发渠道。

恢复人气，激发活力。孟城北街从历史上的繁华逐步走向衰落，其原因是多方面的。物质性老化只是其表象，更重要的原因是功能性和结构性的衰退。因此，最大限度地积聚人气，激发活力应当成为有效保护和利用孟城北街，使之走向新生的终极目标。规划通过功能置换、环境优化、产业带动、配套完善等一系列手段，力求使之恢复人气，以真正达到积极保护、永续利用的目标（图 3-5-24）。

3）保护更新规划的具体改造措施

保护更新规划具体的改造措施包括：

功能方面。在维系主导居住功能的前提下，将北街核心地段主要划分为市井民俗、传统街市、文化展示三大功能区，强调彰显历史和地域文化的功能设置。沿老街两侧的居住用地更多地引入商贸服务功能，恢复前店后宅、商住混合的传统格局，适度重现商埠市井文化的繁荣景象。对工业用地进行置换，结合保留建筑的整治改建，建立博物馆、展览馆等主题文化展示区。

空间方面。结合历史信息，适度恢复老孟河故道及其沿线的码头群，并在古运河东侧拆除部分价值风貌较差的民宅，打造一定规模的开敞空间，为人们提供休憩娱乐的开放空间和绿地。通过古贸易场所"菜市口"、"行场"等空间节点的恢复和景观设计，展现具有孟城北街特色的传统商贸场景。

交通方面。历史街区内部形成步行空间，机动车交通布置在历史地段外围，形成人车分流的基本格局，降低机动车交通对历史街区的影响。此外，通过设置水陆两套慢行（步行）交通体系，将片区内各功能区有机串联，给人以流畅宜人的旅游体验（图3-5-25）。

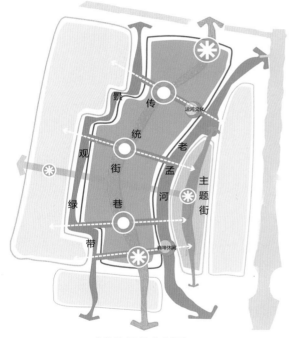

图 3-5-25　孟城北街视线分析图
Figure 3-5-25　Visual Line analysis of Mengcheng north road

3.5.5 江苏省浒墅关老镇复兴城市设计
Renaissance City Design of Hushuguan, Jiangsu Province

浒墅关老镇位于苏州高新区浒通片区的中心区。浒通片区是苏州高新区的三大片区之一，共49平方公里，规划人口30万，主要承担高新区的生产、生活、生态和物流等城市功能。此片区经过前期的快速发展，面临着空间布局松散、中心聚集度低和公共服务设施配套不足等问题。目前，横跨京杭运河两岸的浒通片区中心区正在规划建设中，总用地约2.5平方公里，是本片区公共服务设施未来发展的核心区域，既为周边居民提供商业、文化娱乐、体育休闲等生活型服务功能，也为工业企业提供商务办公、金融、信息咨询等生产型服务功能。

从地理区位来看，整个浒墅关东南距苏州古城中心12公里，京杭运河穿镇而过，主导着城镇空间的发生、发展与演变。浒墅关也是个古镇，历史悠久。自秦代建置，明宣德四年（1429年）户部设钞关于此，是全国七大钞关之一，遂名"浒墅关"。1992年，浒墅关划分为京杭运河东岸的浒墅关镇和西岸的浒墅关经济开发区两个行政单位，总人口8.5万人。其中，浒墅关老镇现有人口4万（常住人口2万，流动人口2万），至今仍基本保留着运河古镇的空间结构形态，且拥有深厚的文化积淀，是浒通片区中心区特色塑造的重要基础。但近年来，浒墅关老镇更新建设滞后，居住条件恶化，市政设施陈旧和经济发展乏力，致使老镇的整体面貌与苏州经济社会发展水平不相适应，也与浒墅关是千年古镇、文化名镇、历史上的经济重镇的知名度和影响力不相适应。

1）古镇复兴设计——恢复历史意向，再现历史繁荣

作为全国南北商品流通主动脉的京杭大运河曾是浒墅关经济发展的关键性要素。由于水路交通发达，贸易繁盛，物产丰富，自古就有"物华天宝黄金地，人杰地灵浒墅关"的美誉。明清时期的古镇乃"十四省通衢之地"，"每日千百成群，凡四方商贾皆贩于此，而宾旅过关者，亦必买焉"。同时，钞关每年的商税收入亦十分可观，对当时的城镇建设和经济发展起到积极作用。然而，由于大运河政治经济功能的衰退和现代交通工具的引入，古镇以"河"为中心的传统生活方式发生重大变迁，再加上解放后商业体制的社会主义改造和大运河航道的拓宽升级，使原本运河两岸繁荣的商业场景和粉墙黛瓦的建筑风貌消失殆尽，滨水区建设日渐衰败，甚至成为被遗弃的边缘地带。近期，苏州高新区明确提出"将浒通片区中心培育成为城市未来的发展重心和城市公共服务中心体系的重要组成"的发展目标，全面提升地区的城镇化水平；同时，加快浒墅关老镇综合改造步伐，高标准地配置公共服务设施和基础设施，改善居民生活质量。伴随着地区城镇化的快速推进和古镇建设方针的调整，浒墅关老镇的空间结构形态也将面临新的挑战与发展机遇。

本节内容由陈泳提供。
浒墅关老镇复兴城市设计由同济大学陈泳主持，龙华晚钟设计由黄印武主持。

从国内实践来看，许多古镇经历了从旧房改造到旧街区更新，再到商业性规模开发的过程，目前正走向具有社会意义的功能性开发，即"古镇复兴"。古镇复兴最基本的宗旨是对古镇进行社会、经济、文化上的更新，将一个由于衰败成为整体社会负担的地区转变为社会的一种资产。因此，如何从复兴古镇整体机能的目标出发，以历史空间为线索，优化老镇功能结构，提升空间品质，进而开展多层次和多目标的"历史中心复兴"，是城市设计研究的主要课题。

2）现状分析

（1）环境资源

运河古镇的自然特色。纵观世界城镇发展史，许多历史城镇都孕育在江河或海陆交汇处，而滨水区往往是它们的生活发源地。到了工业社会时期，滨水区因便利的交通条件而成为大量人流物流的集散和转换场所，工业厂房的建设使水质污染、环境低下。而在后工业社会的今天，由于人们对生态的重视，滨水区又因其具有自然和开放的空间特点以及水对社会各阶层的人都具有的特殊吸引力而再次成为更新建设的重要内容，为蜗居于城市中的人提供与自然对话的场所。千年的京杭运河，从浒墅关古镇中心穿过，河镇相望，水镇相连，是浒墅关发展的主轴和活动中心。本设计区域沿运河有长达 1.5 公里的滨水岸线，无疑为中心区提供了上佳的自然资源。

悠久的历史资源。苏州民间相传"先有浒墅关，后有苏州城"的说法。浒墅关镇始建于秦朝，至今已有两千多年的历史。相传秦始皇南巡"求吴王剑，发阖闾墓"，见白虎蹲丘（今苏州虎丘）上，率部追赶 20 余里，虎不见处，即名为"虎疁"地，几经易名，唐代讳虎，改为"浒疁"；五代吴越王钱镠忌"疁"（镠、疁同音），遂改名"浒墅"；宋《吴郡图经续记》称"许市"；至明代设钞关时，已成为"吴中第一大镇"。悠久的历史资源是浒墅关古镇可持续发展的基石，也为中心区的设计提供了创作的源泉。

灿烂的蚕桑文化。近代的浒墅关镇是全国蚕桑科研教育事业的发祥地和蚕种生产基地，在国际上享有盛名。被日本蚕业专家称为蚕业界"圣人"的郑辟疆先生，于 1912 年在浒墅关创办了全国唯一的蚕桑专科学校。他亲任校长，在这里培养了大批蚕桑业高级技术人才。同时，在老镇内建设浒关蚕种场，占地 125 公顷，不仅是江苏最大也是全国最大的蚕种场，还是我国建场历史最悠久的蚕种场之一。每年生产蚕种 70 万张，且品种优良，被誉为"铁种"，成为我国蚕桑事业发展的里程碑。

（2）存在问题

运河古镇特色没有得到充分显现。在江南水乡由传统的水运向现代陆路交通转型过程中，浒墅关呈现出由于交通可达性不佳而造成的滨水区发展问题。基地内路网密度与道路级配不合理，特别是通向滨水区的道路严重缺失，沟通运河东西两岸的交通不便，导致滨水区成为城镇的边缘，运河和居民日常生活的联系日渐淡漠。如何在本地区利用运河资源，使人顺利导向运河，面向运河，是本城市设计所要研究的重要内容。

浒墅关古镇历史悠久，风景宜人（图3-5-26）。但在现代化的进程中，原有的城镇特色日渐消退。特别是1969年首次运河拓宽使上下塘街的沿河店面消失，1990年代初又遇镇区运河二次拓宽。目前，基地内整体建筑质量不佳，城镇风格缺乏特色，历史遗存较少。如何挖掘和发扬浒墅关的历史文化内涵，也是本城市设计的一个难点。

老镇区空间布局松散而单调，生活服务设施衰败，缺乏明确的公共活动中心。现状用地布局混杂，以三类居住用地为主，生活品质不佳；工业用地散布于基地内，传统的蚕桑业难以为继；新的商业设施主要沿浒墅关北路和浒新街西段建设，滨水区商业日渐衰败，缺乏活力。

浒墅关及周边地区有丰富的旅游资源和地方特产，但较为分散，来浒墅关的游客往往停留在过境的状况。如何整合和发掘旅游资源的潜力，增加地方经济创收也是本城市设计所关注的。

适宜步行是人性化城镇，特别是历史古镇的重要特征。由于居民的自发建设，古镇内侵街现象突出，街巷狭窄且大多是断头路，影响了步行网络的便捷性与渗透性，特别是运河滨水区与两岸的步行联系不便，绕路问题突出。另外，居

图 3-5-26　古镇康熙年间图
Figure 3-5-26　Ancient town during the reign of Kangxi

民小汽车激增也对步行空间产生不利影响，浒新商业街原有的金山石铺砌的步行空间逐渐被大量的机动车停车所侵占，影响了步行的舒适安全性。如何综合考虑步行与车行的相互关系，提高步行环境品质，也是本城市设计需要考虑的。

3）设计目标

综合分析基地的区位条件和环境特征，结合浒墅关老镇的发展战略，将复兴设计的区域确定为京杭运河与老镇中心主轴浒新商业街交汇的下塘片，总用地面积约53公顷（图3-5-27）。基地北起浒东运河，南至浏古泾河和桑园路，它们为古镇区提供了自然清宜的生态边界；基地东侧是规划道路苏浒路，有利于镇区外围交通环境的改善；西侧为明清时期云帆

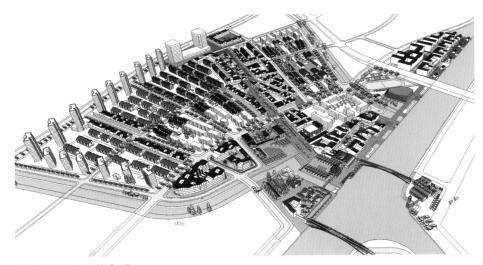

图 3-5-27　总体鸟瞰
Figure 3-5-27　Overall bird view

樯林、商贾云集的大运河及下塘大街，这里曾是"江南要冲地，吴中活码头"，展现了运河重镇的独特风貌。

浒墅关老镇具有特有的自然人文资源，"河在镇中，关在河上，关镇相连，河镇相望"，大运河、古镇、税关是浒墅关老镇最重要的环境特色和历史主题。因此，浒墅关老镇复兴必须将文化保护、景观建设与活力发展结合起来，强调自然山水、建筑、桥梁、道路、广场、绿地和历史遗存等城市要素三维形态的整合，并且应集中体现和展示大运河在浒墅关老镇历史发展中的关键性和影响力。由此，确立了复兴设计的目标：建设具有历史意象、现代活力特征的居民宜居、乐居和观光者流连忘返的运河名镇。

4）构思与策略

未来的浒墅关老镇力求成为：民俗庆典的文化古镇；充分赏水的运河名镇；现代时尚的活力小镇；特色鲜明的观光胜地；步行友好的人居天堂。下面从这五方面论述设计构思。

（1）恢复古镇意象，强化文化特征

复兴设计不是仅恢复古建筑，而是追求浒墅关特有的历史意象，在新的建设中凸显自身的文化识别性。大运河、古镇、税关是浒墅关最重要的历史文化特征，需进行高质量的保护与复兴，在此基础上构建老镇区新的公共空间结构（图3-5-28）。

a. 显关

浒墅关因关而兴。明朝曾在大运河上设有"一镇南北二关"，后于泰昌元年（1620年）取消北津桥处的北关，只留下南津桥处的税关。设计以此为题，在老镇主轴浒新商业街与大运河的交汇处，也是浒东运河、浒光运河与大运河三河交汇处，设置面向大运河的钟楼和亲水广场，重塑"龙华晚钟"的历史景点，并在其南北两侧架设跨越运河的2座步行观景桥，有机地将老镇、钟楼和运河及其两岸连成一体，在宽阔的大运河上建构独特的水上关区形象，并恢复古镇南北税关的历史意象，强化此地区在京杭大运河上的知名度和影响力（图3-5-29）。

b. 露水

浏古泾和浒东运河长期以来是老镇区空间格局延续的重要骨架。丰富曲折的老河道与亲水而筑的民居建筑以及众多桥梁共同构成了独特的江南水乡景观。设计中严格保护浏古泾老河道的石驳岸与滨水绿化，恢复和增建石拱桥，为水空间创造更多的景观点与观景点，再现"小桥、流水、人家"的水乡风貌。同时，结合浒东运河自然宽旷的形态特征，软化其驳岸，设计了直到水边的临水生态绿地，形成水绿相伴的生态景观廊道。这些绿地覆盖在原来钢筋混凝土建成的防洪堤岸上，部分临水区塑造成标高为2～6米的低缓坡地，保证河水上涨时漫过这些湿地，使之成为鸟和其他生物的野生栖息地。另外，在浒东运河的南岸结合周边住区建设，增设慢跑自行车道，满足居民休憩健身、空气净化和动物栖息等多种功能。

c. 怀古

由于历史变迁，老镇内文化实物遗存很少，但相关的历史传说和人文典故却很多。城市设计充分挖掘历史资源，以丰富古镇复兴的文化内涵。

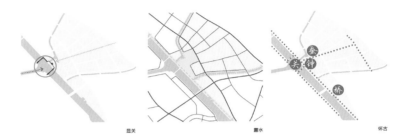

图 3-5-28　重塑特色意象
Figure 3-5-28　Schematic map of remodeling characteristics

图 3-5-29　关区意象
Figure 3-5-29　Schematic drawing of the area

图 3-5-30　龙华晚钟
Figure 3-5-30　Longhua bell

龙华晚钟。龙华寺又名广福庵，初建于唐朝，清康熙首次南巡，驻跸此地，改称"龙华寺"。雍正、乾隆时期，外地前来进香的香客虔诚络绎不断。民国年间，龙华寺仍为镇中心的佛祖岚光之地，春节期间全镇男女老少都要到寺前广场聆听钟声，祈福新岁。现今龙华寺改建为学校，而此景已不存。为了发扬地方民俗文化，设计在浒新商业街的西端设置钟楼广场，中部重建新的钟楼，成为古镇面向运河的标志性建筑。整个广场由东侧的民俗庆典广场和西侧的滨河广场两部分组成，可以举办各种规模的节日庆典、民俗活动、音乐演出和焰火表演等文化活动。同时，利用运河堤坝外侧堤岸的高差变化组织阶梯状的看台，形成面向大运河的倾斜的露天表演场，整个大运河成为极富特征的舞台背景。

钟楼在建筑形态上不是简单地模仿传统老建筑，而是地方建筑风格的传承与创新。整个钟楼的结构与构造做法借鉴苏州本地的楼阁式佛塔，核心是砖砌剪力墙筒体兼做垂直向交通，周边外廊悬挑作为观景空间，屋顶采用新型的不锈钢和白色钢管构件通过金铜丝相互拉结而固定，暗喻传统木结构的梁、枋、柱、斗拱等楼阁建筑的构造特点。新颖独特、性格鲜明的钟楼坐落在底层的砖砌基座上，轻盈圣洁，蔚为壮观（图3-5-30）。在钟楼内，可以茗茶观水，感受大运河的历史发展脉络，也可以诵读当地名人诗词和浒关景象，体验浒墅关深厚的历史文化内涵。

浮桥夜月。浮桥即关桥。自明朝以来，"浮桥即关口巨舟也，关以桥启闭"，以浮桥启闭实现通航与拦检船只。设计在原来被填的下塘遗址处重新开挖内凹的亲水港湾，面向运河象征性恢复浮桥及税关署等景观，复原历史场景，使人联想起当年"为十四省货物辐辏之所，商船往来日以千计"的繁荣景象。亲水港湾由高、低两个水位构成，组织多层次的瀑布跌落。高水位的亲水池水深 30 ～ 60 厘米，考虑结合喷泉采用中水系统，并用附近的风力发电机来保证其运转。而低水位的水池利用大运河本身的水位变化进行经常性换水，以节约用水。另外，在高水位的亲水池周边设置尺度宜人、小体量的由风雨廊相连通的休闲、餐饮、娱乐建筑群，并组织室外酒廊、咖啡和茶座环绕，形成亲切的休闲气氛。此外，沿河岸设置可以提供观水赏景的雕塑型灯塔，晚上烁烁发光，面向大运河展现老浮桥的欣欣景象，为此地区注入更多的活力氛围。

蚕桑文化。江苏省浒关蚕种场的前身是大有蚕种场，创建于民国十五年（1926 年），至民国二十三年时，已有总场与 11 处分场，是国内建场历史悠久、规模最大的私营蚕种场（解放前夕曾经是吴县县委的临时办公地）。目前基地内仍留存着部分近代建筑，但年久失修，面临着倒塌毁灭的危险。设计尽量保留基地内的原有历史信息，并将它向社区居民开放。3 幢风貌和质量较好的近代建筑被保护性利用，移建 1 幢因道路建设而计划拆毁的建筑，在基地内进行易地保护。其中，滨水的 1 幢建筑改建为社区活动中心，其余的改造成纪念郑辟疆、费达生与邵申培等蚕桑界先辈的民间纪念馆、文化吧或图书馆等活动空间。展馆内复原蚕桑种植加工的历史场景，介绍其独特的工艺做法与流程，寓教于乐，传播蚕桑文化，使人们了解此地段的历史发展，从而在现代生活中延续地方记忆，见证我国近现代蚕桑业发展的黄金时期。

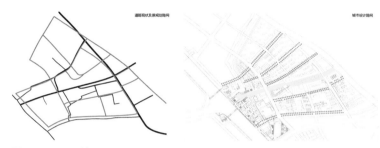

图 3-5-31　镇区面向运河
Figure 3-5-31　Village area facing the canal

（2）发挥环境潜能，镇区面向运河

加强镇区与运河的联系，促成镇区面向运河。水与我们的联系往往比水本身更重要，一条看不见的河流等于不存在。如何最大限度地让水体的影响渗透到纵深地带，一直是滨水区设计的重要原则。设计中通过浒新商业步行街和 6 条商业街道以林荫路方式将人流导向运河滨水区（图 3-5-31），加强老镇区与滨水区的联系，强化运河古镇的意象。另外，在 6 条街道的各个街角处布置有特色的小广场，设置柱廊、景观小品等，吸引过往行人的进入。商业街的剖面高宽比一般为 1：2 ～ 1：1，平面力求有收有放，两侧设 3 ～ 4 米宽的骑楼，或悬挑 2 ～ 3 米作为灰空间避雨和日晒。这些商业街在通向滨水区的尽端，分别布置绿化小广场和历史题材雕塑作为对景，强化其对人流的引导作用，提高滨水区的可识别性。

展现运河发展脉络，发扬运河文化。浒墅关的历史也是大运河及其两岸不断发展的历史，古镇滨水区承载着大运河独特的历史文化变迁。目前大运河"四改三"的拓宽改造为滨水区的更新提供了可能，但老镇区没有简单地进行一般意义上的房地产开发，而是在梳理大运河生长脉络的基础上，积极恢复明清时期的龙华晚钟和浮桥夜月等历史景点。并且尽量保护目前沿岸仍保留着的近代工业厂房（印刷厂）、水塔、老乡政府与传统滨水民居，通过新功能的转化加以利用，使它们成为老镇区的重要公共活动场所。此外，还通过滨水商业与文化设施的新建，形成特色空间，营造活力氛围，进而带动老镇区的整体复兴。其中，大运河的西侧保留了 3 幢老印刷厂的红砖厂房和 1 座水塔位，设计对它们进行结构加固，并与步行观景桥进行整体设计，成为一组连接桥梁的桥头商业建筑（图 3-5-32）。通过步行流线的组织，将过往步行桥的人流引入老厂房区，内部设置餐饮茶座，形成亲切温馨的滨水休闲气氛，人们也可以通过二层的架空连廊到达河口的老水塔上观景赏水，其高耸的体量和特殊的造型与龙华晚钟隔水对峙，遥为对景，丰富了核心区的景观层次。

组织有序的滨水交通系统，促进人车分离。为了保证亲水活动的安全舒适，整个滨水区优先发展步行环境。沿大运河的堤岸建设宽达 20 ～ 30 米的滨水步行带，种植 2 排柳树，并布置亲水台阶和休闲设施，这是人们散步观水的最佳场所。在车行交通方面，垂直于滨水区的道路采用尽端路或小环路方式，与桑园路相交，既提供滨水地区的机动车可达性，又减少机动车对滨水环境的干扰。桑园路是平行滨水区的一条生活景观性道路，与滨水步行体系既分又合，为滨水区的交通可达提供支撑。

建构滨河立体步行网络，提供桥梁特色观水空间。为了促进两岸的缝合与互动，在大运河和浒东运河的交汇处建设 2 座融通达、观光、休闲于一体的步行廊桥，不仅可以直达亲水河岸，还可以通过架空步行廊连接钟楼与南侧的龙华活动中心，形成立体通达的步行网络和多层次的亲水观水场所

图 3-5-32　近代厂房与步行廊桥整合
Figure 3-5-32　Integration of modern plant and pedestrain bridge

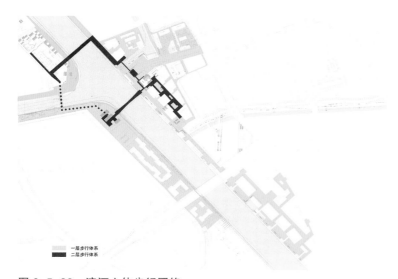

图 3-5-33 滨河立体步行网络
Figure 3-5-33 Riverside three-dimensional pedestrian network

图 3-5-34 滨水步道
Figure 3-5-34 Riverside pedestrian walkway

（图 3-5-33）。为了保证行船的通畅，大运河上不允许设置障碍物，因此步行廊桥采用 10 米通高的钢桁架结构，外覆以苏州园林花窗图案的白色穿孔金属板和错落有致的斜屋顶，与龙华晚钟的白色钟楼相呼应，共同营造素雅高洁的艺术氛围。步行廊桥引桥段净宽 7 米，在运河中央段向桥体外侧各悬挑 5 米的平台，由此在廊桥上形成放大的观水休闲空间，内部布置宽敞的休息坐椅，为居民提供夏季纳凉、棋牌与聚会的活动场所。此外，还利用步行廊桥中部的夹层空间设置咖啡茶吧区，临河眺水，另有一番独特的景致。

组织亲水观水空间，营造休闲驻留场所。公共空间亲水与观水环境组织是衡量滨水区品质的重要内容。沿大运河堤岸的步行化设计为老镇区提供了连续而开阔的亲水场所，整个滨水步行道保留了原有的金山石和青砖竖砌铺地，使人们感受到古老而质朴的气息（图 3-5-34）。亲水观河空间力求虚幻多变，室内与室外交渗、开阔与封闭交混、水平与倾斜共存，促使不同城市功能的立体复合和交叉渗透。公共观水空间主要包括架空亲水步行廊、台阶式广场、滨水步道及亲水挑台、室外大楼梯及平台、面水大踏步和临近水面的建筑屋顶平台等，为人们提供多层次、立体的观水场所，促进人与水的对话。其中，架空亲水步行廊临水而展开，形成开敞的观水视野和空间效果，同时在底层设置柱廊以增加遮阳避雨的灰空间，附近安排餐饮、小卖等，吸引更多人在此体验、交流和游玩。

（3）丰富功能布局，促进地区繁荣

促进功能活动的复合，激发古镇活力。成功的滨水区改建项目，在赋予滨水优美环境的同时，也必须提供多样化的功能设施和良好的功能布局，促成各种人群活动的交融混合。根据分区规划和用地的现状条件，以浒东运河、浏古泾河和南津桥为界，将整个滨水区自北至南分为4个部分：绿化休闲区、核心活动区、公共健身区和餐饮服务区。其中，核心活动区以钟楼为中心，在紧凑的范围内集约化建设，力求成为"催化剂"，带动整个老镇区的复兴建设。核心区域内包括钟楼广场、老影剧院及扩建、社区中心、蚕桑文化吧、民俗展示馆、运河客栈和龙华活动中心等内容（图3-5-35）。其中，龙华活动中心是集商业零售、游乐饮食、休闲健身、文化展示及少儿培训等多功能交融的滨水商业中心，其二层平台与步行观景廊桥直接相连，空间布局采用建筑、广场与商业街三位一体的立体街区复合模式，保证各区域功能既分又合，相互穿插，相互补充，促进该区域的繁荣。商业街区沿水布置逐步升高的大台阶，主要分为高出道路0.5米和6.5米两个活动基面，促进不同类型的观水平台与公共活动的交织，为滨水区注入生机和活力。

整合学校空间资源，增加居民健身活动场所。位于龙华活动中心南侧的是浒墅关中学（龙华寺原址），由于用地紧张，其教学区与体育活动区分置于浏古泾河的两侧，通过步行桥联系。原有的体育运动场紧邻滨河区，其封闭单调的围

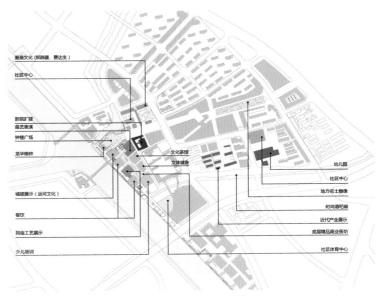

图 3-5-35 核心区功能布局
Figure 3-5-35 Central district functional layout

图 3-5-36　学校与社区整合
Figure 3-5-36　Intergration of school and community

墙界面会对整个滨水环境产生不利影响。在设计中，将新的风雨操场和食堂等校园设施统一建在与步行桥等高的二层大平台上，这一方面方便了学生们日常的校园活动，另一方面，利用垂直向的高差形成面向运动场的倾斜大看台，是学生课余饭后放松散步、游憩交流和观看体育活动的理想场所。而在面向滨水区的底层空间布置居民健身活动中心、社区商业用房等，充分对公众开放与使用，增强此地区的吸引力和公共性，实现校区空间与滨水公共环境的整合（图 3-5-36）。此外，此区段的滨水步行带拓宽至 40 米，结合绿化带的设计，布置羽毛球场、网球场、健身场等户外运动场地及设施，为周边居民提供休闲健身的上佳场所。

（4）完善服务设施，挖掘旅游潜力

提供旅游服务设施，增加地方创收，充分挖掘旅游资源潜力，提供多元化的旅游服务设施。在餐饮服务区建设具有苏州庭院风味的星级宾馆和公寓式酒店，临水眺山，既是很好的观景点，同时也成为大运河的景观点，为整个滨水区面貌增色。同时，在宾馆裙房部分和餐饮服务区的滨水地段设置餐饮、娱乐、酒吧与咖啡茶座等活动场所，并通过尺度宜人、小体量的风雨廊连成一体。此外，在整个滨水区增加晚间娱乐活动、水上活动和夜景灯光，吸引游客留宿浒墅关，促进古镇观光娱乐产业的发展。

建设特色景观点，组织地区旅游线路。充分挖掘大运河的自然特性和历史文化资源，保护与恢复滨水区独特的历史景观点和观景点，如龙华晚钟、浮桥夜月和蚕桑园及民俗展示馆等，营造舒适宜人的步行环境，提升公共空间品质，满足外来游客吃、住、行、游、购、娱等多种需求（图3-5-37）。在游线组织上，利用浒墅关路的公交首末站设置游客集散点，观光景点之间通过金山石铺砌的步行休闲道进行游线引导，并在浒新商业步行街组织旅游购物街网络，与滨江的龙华活动中心的商业街区相连接，形成旅游购物的黄金线路。此外，在"龙华晚钟"景点附近设置名特产品展销点，成为介绍和推销地方名优土特产品的重要场所，弘扬地方文化，推动地方经济的发展。

（5）改善居民生活，营造慢行社区

增加住宅类型的丰富性，满足本地居民的不同生活需求。老镇活力的复兴离不开本地居民生活环境的改善和居住功能的重塑。为了减少居民的人口结构变动，通过提供多元化的居住形态和户型设计，尽可能使不同收入层次的居民都有机会生活在老镇区，这将对延续社区文化、提高社区凝聚力具有积极意义。考虑到老镇区的空间尺度和龙华晚钟景点周边的建筑高度控制，新建住宅高度建议控制在5层以下，粉墙黛瓦双坡顶；而在古镇区外围，结合住户观望运河景观的愿望，建设了一定比例的点式高层住宅，强调不同档次与面积的户型配比。另外，老镇的复兴不仅在于居民生活条件的改善，还在于营造具有归属感与吸引力的社区生活。规划采用密路网、窄街道的小住区建设模式，街坊尺度控制在200米×

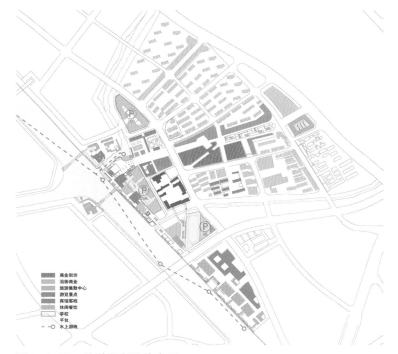

图3-5-37　旅游服务设施布局
Figure 3-5-37　Tourist service facility layout

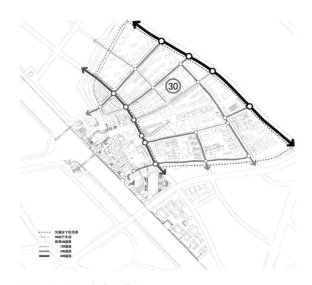

图 3-5-38　宜步行街区
Figure 3-5-38　Pedestrain friendly streets

200 米左右，杜绝大尺度封闭住区的孤立性，以推动社区的开放和城市生活的融合。

建设宜步行社区，塑造人性化的街区环境。老镇区更新设计强调步行友好的街区建设理念，优先确保公共步行环境的改善，争取降低车流量和减缓车速，以鼓励多元化的社会交往（图 3-5-38）。街区内街道空间尺度宜人，道路宽度以 18 米为主，局部地段为 12 米；机动车道宽度压缩至 3 米，车速限制在 30 公里 / 小时以内，保障居民步行的安全舒适性。同时，对人车矛盾突出的街道交叉口进行优化设计，街角的车道转弯半径缩小至 5 米，这既有利于降低车速，也有利于扩大过街行人的等候区域。另外，铺设人行过街道铺地，以改善步行的连续性和便捷性。此外，增加交叉口建筑的后退距离，形成街角小广场，为周边居民提供交流聚会的公共活动场所。

当代的城市设计已超越传统意义上从形象、美学和功能角度出发的城市空间设计，而更多地被当做促进城市经济与社会发展的重要手段。浒墅关老镇城市设计是思考和探索古镇中心区活力复兴的一次有益的地方性实践，通过对滨水中心区的保护性再生建设，充分挖掘和发挥自身环境资源，并且在发扬历史文化、发展滨水空间、提供公共服务和注入新产业以及营造人居环境等方面进行积极探索，既避免局限于对单一、短期经济效益的追求，又避免停留于表面形式的更新改造，而是立足于城镇机能的整体提升和地方文化的传承与创新，其目标是实现向生活更美好的人性化城镇的转型。

后记——伟大的新时代的新农村建设
Postscript—Great New Rural Construction in New Era

《地区的现代的新农村》是《宜居环境整体建筑学》系列丛书的第 4 本。地区的是指中国各地区人口密度、经济发达程度和开发程度有大的差异，包括自然与气候的差异、习俗的差异、历史文化的差异。现代的指我们所期望的理想的针对农村农业（包括畜牧业、渔业）的发展。关键的关键是要注重地域的大型基础设施工程——道路交通、输电网络、信息通讯等的建设。要让村村道路快速通达，信息快速畅享，提高农业生产率，加快农业的机械化发展，施行大面积和分片的优化种植，使产品快速促销。要提高农民富裕水平，加快建设乡镇使之转变成小城市，调整产业结构，使农民可就近就业。民居空间要合理科学地布置，住所的优化是农民的宜居保障。这是千百年来的一次伟大的革命，是史无前例的。

"三农"问题是《宜居环境整体建筑学》中研究的重要的一环，它涉及的人多面宽。当今我国仍有近一半的农业人口生活在农村，且从事农业生产。农业生产是"一产"，它提供了粮食、蔬菜、肉食等人类不可缺少的产品，是国家安身保民生的关键。我国改革开放后城市化进程加快，产生了巨大变化，也影响到农村的体制和农用土地、人口的变迁。它围绕着国家的转型，以促生产、以人为本为核心在运作。在这个背景下，如何组织村镇农民在自己的土地上得到收获，如何使农村的建筑、道路、通讯、生态都得到提升，使农业保持增长趋势，这又是全民的大事。要使农村得到全面发展，必须走城乡共同一体化发展的道路。城市哺育农村，缩小城乡差别，是城乡达到共同致富的关键一步。

中央城镇化工作会议为我们点亮了一盏明灯，照亮了前进的方向。会议明确要推进农业人口转移，提高城镇建设用地利用效率，建设多元可持续的经济保障机制，优化城镇化布局和形态，提高城镇建设水平，加强城镇化的管理水平，在政治、经济、金融、建设上帮助农村。

这是一个重要理论创新和实践创新。我国在短时期内完成了发达国家 200 年完成的历程，这是伟大的马克思主义的发展，是人类历史之最，震撼了全世界。我们强调以人为本，强调提高农村文化公共服务水平，使之成为有品质的新农村，其含义深远，是现代化的里程碑，是中华民族的智慧结晶。

提高人口素质，加快实现人的现代化，更新观念，提高用地的容量，解决农民的户口问题，是前进的第一步。我们要一步一个脚印，稳步前进，让真理来牵引我们。这是一个梦，又是一个伟大的现实。

我们要深刻理解和全面把握中国梦的内涵和实质，坚定信心沿着中国特色社会主义道路，为实现中华民族的伟大复兴而努力奋斗。

2013 年 12 月 20 日

致 谢
Acknowledgements

这一套书写到这里我总觉得有许多遗憾。我已耄耋之年，不可能事事都深入调查，分析掌握一手资料了，只能借助我的学生、好友的支持，还有一些领导把关。我在本书的这些章节的注释中写下了支持者、参与者的名字，我深深地感谢他们，希望他们持续地支持这位老人，有可能再亮出自己大半生参与实践的观点与见解。老骥伏枥，志在千里。

深深感谢我的家人的支持，他们让我摆脱生活上的许多杂事，从精神上给予我极大地关怀。

再次感谢东南大学出版社的大力支持，特别是戴丽女士等出版社编辑们的全身心地投入，他们对书稿的组织结构进行了反复推敲及仔细的整理工作。

谢谢大家！

人无完人，这本书中难免有许多缺点与错误，希望指正。

2014 年 3 月 20 日

图书在版编目（CIP）数据

地区的现代的新农村 / 齐康等编著 . —南京：东南大学
出版社，2014.6
（宜居环境整体建筑学）
ISBN 978-7-5641-5023-5

Ⅰ．①地… Ⅱ．①齐… Ⅲ．①乡村规划—研究—中国
Ⅳ．① TU982.29

中国版本图书馆 CIP 数据核字（2014）第 121293 号

地区的现代的新农村
Regional Modern Towns and Villages

编　　著　齐　康等
出版发行　东南大学出版社
社　　址　南京市四牌楼 2 号　邮编 210096
出 版 人　江建中
网　　址　http ://www.seupress.com
责任编辑　戴　丽　魏晓平
装帧设计　皮志伟　刘　立
责任印制　张文礼
经　　销　全国各地新华书店
印　　刷　上海雅昌彩色印刷有限公司

开　　本　787 mm×1092 mm　1/12
印　　张　17.5
字　　数　310 千字
版　　次　2014 年 6 月第 1 版
印　　次　2014 年 6 月第 1 次印刷
书　　号　ISBN 978-7-5641-5023-5
定　　价　88.00 元

本社图书若有印装质量问题，请直接与营销部联系。电话：025-83791830。